Edson J. R. Lobo

Guia Prático de
Engenharia
de Software

Desenvolva softwares profissionais com o uso da UML e best practices de gestão

São Paulo - 2009

© 2009 by Digerati Books
Todos os direitos reservados e protegidos pela Lei 9.610 de 19/02/1998. Nenhuma parte deste livro, sem autorização prévia por escrito da editora, poderá ser reproduzida ou transmitida sejam quais forem os meios empregados: eletrônicos, mecânicos, fotográficos, gravação ou quaisquer outros.

Diretor Editorial
Luis Matos

Editor
Tadeu Carmona

Assistência Editorial
Aracelli de Lima
Carolina Evangelista
Renata Miyagusku

Projeto Gráfico
Daniele Fátima

Revisão
Fernanda Batista dos Santos

Diagramação
Cláudio Alves
Fabiana Pedrozo
Stephanie Lin

Capa
Marcos Mazzei

Dados Internacionais de Catalogação na Publicação (CIP)
(Câmara Brasileira do Livro, SP, Brasil)

L799e   Lobo, Edson Junio Rodrigues.

          Guia Prático de Engenharia de Software / Edson Junio Rodrigues Lobo. – São Paulo : Digerati Books, 2009.
          128 p.

          ISBN 978-85-7873-036-9

          1. Engenharia de software.
          2. Software (Desenvolvimento). I. Título.

          CDD 005.1

Universo dos Livros Editora Ltda.
Rua Tito, 1.609
CEP 05051-001 • São Paulo/SP
Telefone: (11) 3648-9090 • Fax: (11) 3648-9083
www.universodoslivros.com.br
e-mail: editor@universodoslivros.com.br

CTP, impressão e acabamento IBEP Gráfica

Sumário

Capítulo 1
Introdução 5

Capítulo 2
Modelos de software 9

Capítulo 3
Ferramentas de modelagem de software 13

Capítulo 4
A UML 17

Capítulo 5
O Método/Processo MIDDS 21

Capítulo 6
O controle de qualidade de software 25

Capítulo 7
Orientação a Objetos 31

Capítulo 8
A modelagem de software com UML 41

Capítulo 9
Arquiteturas de software 63

Capítulo 10
Solicitação do sistema 69

Capítulo 11
Analisando os requisitos 73

Capítulo 12
Elaborando o projeto do software 77

Capítulo 13
MDA 109

Capítulo 14
Conclusão 111

Anexo 1
Modelando um software no
Método/Processo MIDDS 113

Anexo 2
Criando um modelo de dados 123

Capítulo 1

Introdução

Na última década ouvimos muito falar em modelagem de software ou de modelos que englobam um conjunto definido de abstrações, de produto final ou de software. Na verdade, a modelagem de software, atualmente, é uma ferramenta que busca sempre obter a representação de um software por meio de modelos abstratos de um sistema.

Mas o que vem a ser esta abstração de que sempre ouvimos falar? A abstração é uma ferramenta utilizada na modelagem de software, a qual busca utilizar o que é necessário para se representar um software, deixando de lado o que não é relevante para se documentar e obter o mesmo software.

Infelizmente, muitas empresas ainda não utilizam a modelagem de software em seu processo de desenvolvimento por acharem que gastariam tempo extra – tempo este que poderia ser utilizado para o desenvolvimento do software. Esse pensamento, aliado à atitude de não modelar o software conforme as necessidades reais do projeto, pode acarretar enormes gastos com correções que não seriam necessárias, caso a modelagem de software tivesse sido implantada logo no início do processo!

A modelagem de software não só permite que o software seja projetado com os requisitos necessários para o seu perfeito funcionamento, como também que se use uma arquitetura mais adequada para o projeto. Muitas pessoas podem achar mais simples iniciar um desenvolvimento utilizando poucas anotações informais, para se orientar durante o projeto. O problema desse método é facilmente visualizável: quando o software começar a se tornar mais complexo ou desenvolver uma maior robustez de recursos, orientar-se por meio de anotações ou diagramas "caseiros" passam a ser impraticáveis e um convite a descoberta de diversos erros na etapa final do projeto.

A falta de modelagem também se mostra crítica ao se levar em conta que uma equipe de desenvolvedores nunca será intocável, contando sempre com os mesmos membros e participantes. A modelagem será uma grande aliada não apenas para aqueles que já estão integrados no projeto, mas principalmente àqueles que entrarão no projeto durante seu andamento. Realmente compreender um software através de diagramas é muito mais rápido do que tentar decifrar códigos criados por outro profissional.

Podemos ver que um modelo de software é extremamente necessário ao desenvolvimento profissional de sistemas, não importando o tamanho do projeto. Podemos observar, pelo exemplo citado anteriormente, que com ele um novo integrante do projeto gastará bem menos tempo para conhecer o posicionamento atual de um projeto em desenvolvimento. Podemos também observar que o tempo gasto inicialmente para manter um modelo de software é insignificante se comparado ao tempo ganho com este modelo nas fases de desenvolvimento. Isso sem falar nos benefícios da qualidade de software!

Considerando que um modelo de software é tão importante, percebemos que um projeto nunca terá fim, pois, antes de cada codificação, mesmo depois do software implantado, devemos projetar primeiro para depois desenvolver, o que significa manter uma documentação (modelos do software) atualizada. Isto será visto com mais detalhes no **Capítulo 5** deste livro.

A proposta deste livro é apresentar a(o) leitor(a) não só a prática de modelagem de software, mas também a necessidade e benefícios que esta modelagem traz ao ambiente de desenvolvimento de software.

Aqui serão vistos os conceitos necessários para a prática de modelagem de software por meio de conceitos de modelos de software e sua importância dentro da fábrica de software.

Como a UML é uma linguagem para construção de modelos, ela será apresentada, para posteriormente construirmos um modelo de software que será utilizado para apresentar as características desta poderosa ferramenta de modelagem de software.

Veremos também as principais arquiteturas disponíveis para o desenvolvimento de software, seus padrões e características. Isto será muito necessário para a construção dos modelos, pois não basta construir modelos, mas, sim, o modelo ideal para cada software.

O método MIDDS, lançado por mim em meu livro *Curso de Engenharia de Software*, publicado pela Digerati Books, apresenta um método ágil de desenvolvimento, voltado para a modelagem dinâmica de software, com ênfase na documentação atualizada. Aqui será apresentado um pequeno resumo deste método, visto que, para obter mais detalhes sobre o MIDDS, você poderá adquirir o livro citado anteriormente. Neste volume, portanto, construiremos um modelo de software, dentro das fases de Análise e Projeto do MIDDS.

Obviamente o controle de qualidade não será deixado de lado, uma vez que o método MIDDS define o controle de qualidade para todas as fases do processo.

Como será construído um modelo de software orientado a objetos, mais comum hoje em dia, também serão apresentados os conceitos de orientação a objetos. Isso permitirá que o leitor menos experiente obtenha conhecimento necessário para efetuar a modelagem de forma correta.

A UML será abordada de forma integral, pois ela será a ferramenta para a análise e projeto do sistema que será aqui modelado, ou seja, será a linguagem em que construiremos nossos modelos de software.

Vamos ver, então, os conceitos de modelos de software.

Capítulo 2

Modelos de software

Modelos são, de um modo geral, representações simplificadas da realidade. Os modelos são vastamente utilizados na Engenharia para definir características de produtos que serão posteriormente implementados, de acordo com cada modelo.

A maior função dos modelos é desenvolver, de forma rápida, simplificada e objetiva, algo que é muito mais complexo em sua forma real. Uma vez tendo o modelo, será muito mais fácil construir o produto em questão, visto que o produto será criado com base em um modelo que é a melhor definição, naquele momento, do produto que será criado!

Mas para se obter modelos de qualidade, devemos obedecer algumas regras básicas que permitirão que tais modelos sejam realmente os ideais para o problema em questão. Por isso, ao se criar modelos de software, devemos levar em conta muitas outras questões que vão além da simples criação de um modelo como, por exemplo, a qualidade de software, padrões e a arquitetura de software. Estas questões serão abordadas nos **Capítulos 6 e 9**.

A importância de construir modelos ideais está relacionada à grande necessidade de se construir softwares de qualidade. A construção de um software de qualidade depende da definição de um modelo ideal para o referido software. Não adianta criar um modelo aleatoriamente, projetando e utilizando características que não estão previamente definidas em um bom padrão de arquitetura, já que a simples criação do modelo de software não é garantia total de que o software será construído com rapidez e qualidade.

A qualidade e rapidez na construção de um software dependem dos seguintes quesitos, entendidos como altamente necessários para se obter software satisfatório:
- método/processo adotado no ambiente de desenvolvimento de software;
- controle de qualidade de software;
- utilização de arquitetura de software adequada para cada projeto;
- controle nos processos;
- fidelidade aos padrões.

A falta de um destes itens poderá comprometer o projeto ou, no caso, a criação do modelo de software. Um modelo de software mal definido ou inadequado ao projeto causará um caos nos resultados! Quando isso ocorre, a culpa cai sempre sobre a modelagem do software em questão, mas, nessa hora, ninguém assume que o problema não está nos recursos de modelagem, mas sim na forma como o projeto foi definido, normalmente sem o uso de um padrão de arquitetura adequado. Outro problema ainda maior, quando ocorrem contratempos assim, é que o projeto e documentação do sistema acabam sendo abandonados por se tornarem um peso para a equipe de desenvolvimento, o que não ocorreria caso um bom padrão de arquitetura de software fosse adotado antes de se iniciar o projeto.

Os modelos são criados para facilitar as fases posteriores do processo de desenvolvimento de software, pois possibilitam uma visão global e rápida do sistema, além de permitir que toda a equipe se oriente através dos modelos.

É necessário que, no ambiente de desenvolvimento de software, seja disponibilizada documentação atualizada de cada software, podendo estar em pasta ou on-line, dependendo na dinâmica da cada projeto. É claro que, em cada caso, esta documentação deve estar bem segura e disponível exclusivamente para a equipe de desenvolvimento. Lembre-se de que se trata de um projeto de software e, em qualquer ambiente de desenvolvimento corporativo, um projeto deve ser mantido em sigilo, sobretudo por questões de segredo industrial.

Muitas empresas não mantêm modelos de software por acharem que gastarão muito tempo para construí-los e mantê-los atualizados. Esse equívoco pode até parecer uma questão de cultura empresarial: um empresário escolhe manter uma fábrica de software com características profissionais ou prefere criar softwares que dependerão de algumas ou de uma única pessoa. Mas será que a escolha existe? A nosso ver não: softwares e as técnicas de sua manufatura devem ser centralizados enquanto documentação, não enquanto equipe ou pessoas responsáveis. Os profissionais vão embora, as equipes mudam, mas o software e as necessidades para as quais ele foi projetado ficam.

Outra vantagem em se construir modelos de software: além de economizar tempo nas fases posteriores do processo de desenvolvimento, eles permitem que outros profissionais possam conhecer todo o projeto e trabalhar nele em poucos dias. Só isso já seria uma grande vantagem, sem falar na qualidade final do produto que normalmente é infinitamente maior com a utilização de modelos em padrões adequados ao projeto.

A engenharia de software oferece recursos valiosos na construção de modelos de software com qualidade, padrão e arquitetura bem definidos. Podemos criar um software sem utilizar tudo isso, mas o resultado final será desconhecido e os problemas também, podendo ser de um simples ajuste ao caos total.

Manter equipes preparadas para construir modelos de software é altamente necessário para se obter software controlado e de qualidade, levando-se sempre em conta que os padrões de arquitetura utilizados devem ser adequados às características de cada projeto.

Quando falamos em software, falamos em algo complexo demais para ser construído sem um devido controle. Este controle só será alcançado com muito esforço mas, depois de conquistado, os benefícios que se obtém com ele são muito maiores que os investimentos. O controle e a qualidade de um software dependem da construção e manutenção de um bom modelo que representará este sistema, pois esta é a melhor forma de visualizar e estudar o problema em questão.

Manter modelos de software atualizados permite estudar e definir um software com padrões e qualidade adequados para cada projeto.

Capítulo 3

Ferramentas de modelagem de software

A modelagem de software, em geral, utiliza elementos gráficos para definir um tipo de modelo de software. Criar modelos por meio de gráficos permite uma rápida definição de um conjunto de características do software, além de representar, de um jeito claro e objetivo, as formas e relacionamentos entre os componentes de sistema.

Podemos então dizer que a principal ferramenta de modelagem de software é a construção com elementos gráficos. Com estes podemos modelar um software em várias visões. Com as atuais ferramentas para modelagem de software se possibilita boa performance e controle na construção dos modelos de sistemas.

As ferramentas utilizadas para construir modelos de software são as CASE, que possuem meios de construção de componentes de software, além de definir e registrar seus relacionamentos. As ferramentas CASE são utilizadas para estudo de caso, ou seja, análise, definição e solução de um problema, que em nosso caso é a solução em software.

A modelagem de software está sendo definida segundo a orientação a objetos, o meio mais utilizado atualmente para definir e desenvolver softwares. Para modelar um software orientado a objetos, não basta conhecer uma ferramenta CASE, pois esta somente dará suporte para a construção de modelos de software segundo as definições da UML ou outro padrão de arquitetura, que são utilizados para definir e representar o software por meio de modelos, em vários aspectos e visões diferentes. É necessário também saber os conceitos da orientação a objetos.

Tanto a orientação a objetos quanto a UML serão abordadas nos **Capítulos 4, 7 e 8**. Dominar orientação a objetos e UML é requisito básico para se criar modelos de software, mas existe também outro conhecimento básico e extremamente necessário para se criar tais modelos: a arquitetura de software. A arquitetura de software também será abordada no **Capítulo 9**, pois ela é tão importante quanto a orientação a objetos e a UML para a criação de modelos de software. Sem a arquitetura, o modelo poderá ser criado de forma aleatória, desnecessariamente complexo, simples demais ou, pior, sem padrão definido e não conhecido pela equipe de software.

Então vamos conhecer o caminho a percorrer na criação de modelos de softwares orientados a objetos:
- orientação a objetos;
- UML;
- arquitetura de software;

- padrão de arquitetura de software;
- ferramenta CASE.

Como podemos observar, a ferramenta CASE é o último item a ser utilizado na criação de um modelo de software. Como existem várias ferramentas CASE no mercado, apresentarei aqui algumas ferramentas voltadas à arquitetura de software.

Borland Together

A **Borland Together** é uma plataforma da Borland para modelagem visual. Possui as seguintes características:
- modelagem UML;
- modelos de processos de negócios;
- automação de design e revisão de código;
- auditorias e métricas em nível de modelo e de código;
- geração de documentos com base em templates.

Essas características fazem com que o Borland Together possa ser colocado no rol das ferramentas de alto nível. Veja mais detalhes no endereço oficial do produto: http://www.borland.com/.

Oracle JDeveloper

O **Oracle JDeveloper** é uma completíssima IDE SOA (*Serviço Orientado à Arquitetura*). Esta IDE possui características de construção de softwares orientada à arquitetura e geração de código. Sua principal característica é a versatilidade com ferramentas visuais e recursos para JSF, EJB, JPA, e JSP.

Veja mais informações no site: http://www.oracle.com/tools/jdev_home.html.

Capítulo 4

A UML

A UML é uma linguagem para modelagem de software orientado a objetos. Ela permite criar modelos abstratos de qualquer software, permitindo uma grande flexibilidade e customização por parte de quem a utiliza como ferramenta de modelagem.

A UML é composta de diagramas. Cada diagrama representa uma visão de uma determinada parte do software ou perspectiva. Para utilizar a UML devemos possuir grande conhecimento de seus conceitos, pois, assim, será possível utilizar estes conceitos para construir os modelos que devem representar o software como um todo.

O modelo de software em UML representa o próprio software. Ao estudar os modelos, estamos estudando o software, só que a partir de outra perspectiva, muito mais rápida e objetiva que o código da linguagem implementada no projeto.

UML significa *Unified Modeling Language* ou *Linguagem de Modelagem Unificada*. A linguagem UML tem recursos suficientes para representar o software por vários pontos de visão. Modelar software com UML é uma tarefa indispensável no desenvolvimento de sistemas, pois com ela será possível estudar durante a criação dos modelos o melhor, mais objetivo e mais adequado caminho a se percorrer para a criação do software.

Com UML podemos pensar em nível de arquitetura, sabendo que podemos utilizar arquiteturas muito úteis e que permitirão a codificação cada vez mais rápida do software, na medida em que os projetos vão atingindo seu nível de "amadurecimento". Na prática, quanto mais se utilizar UML na construção de projetos de software, mais rápida será a codificação, desde que se use uma arquitetura que dê ênfase ao reuso de código.

Atualmente, quando falamos em modelos de software, lembramos da linguagem UML. O interessante disso tudo é que esta linguagem não permite um padrão único de modelagem, pois ela possibilita total liberdade na criação dos modelos. A função da UML é permitir a representação dos objetos de software e a comunicação entre eles.

A UML é vastamente utilizada nas fábricas e softwares que atuam no mercado, na criação e definição de modelos de software, seja para a documentação dos requisitos de sistemas ou para a comunicação e posicionamento de todos envolvidos no projeto.

Um profissional que atua no mercado sem a utilização da UML para a construção de seus projetos de software poderá ter dificuldades quando surgirem novas ferramentas de desenvolvimento.

Aprender e dominar UML hoje é garantia de que, no futuro, se possa utilizar com mais facilidade as ferramentas que estarão no mercado, pois a tendência é que estas ferramentas sejam voltadas para a criação de modelos e geração de código.

Como ninguém pode afirmar com certeza como será uma linguagem de desenvolvimento de software daqui a cinco anos, o melhor é seguir a tendência: esse é o caminho mais seguro para aquele que não quer ficar fora do mercado. A única coisa que podemos afirmar agora é que a tendência está caminhando junto com a modelagem de software.

Capítulo 5

O Método/Processo MIDDS

Quando se fala em desenvolvimento de software, deve-se pensar em processo. Um processo, ou método, é definido para se obter software cada vez mais rápido, de forma controlada e organizada. Vejamos quais são os objetivos de um método ou processo de desenvolvimento de software:

- controle;
- qualidade;
- comunicação;
- padronização;
- foco no objetivo;
- atendimento às necessidades do cliente;
- cumprimento de prazo.

Todos esses itens são favorecidos com um bom método/processo de software. O autor deste livro desenvolveu um método ágil de desenvolvimento de software de nome MIDDS – *Método Iterativo e Documentado de Desenvolvimento de Software*. Este método tem por base as tendências da engenharia de software, e seu principal objetivo é buscar desenvolvimento de software com maior controle e rapidez na obtenção do produto final, o software, sem deixar de lado a documentação e o controle.

Como já dissemos, o método MIDDS foi publicado no livro *Curso de Engenharia de Software*, também de minha autoria e publicado pela Digerati Books. Detalhes sobre o desenvolvimento e uso desse método podem ser encontrados nesse mesmo livro, mas apresentaremos aqui o seu processo, que utilizaremos, para a criação do modelo que será aqui apresentado. Como este livro está direcionado às fases de análise e projeto, são apenas nestas fases que atuaremos.

Podemos dizer que o MIDDS possui características tanto de método, por ser rápido e iterativo, quanto de processo, por ter fases definidas. Por isso, o MIDDS pode ser chamado de método ágil de desenvolvimento de software, que trabalha com um processo definido.

Confira, na **Figura 5.1**, um modelo visual do processo do MIDDS:

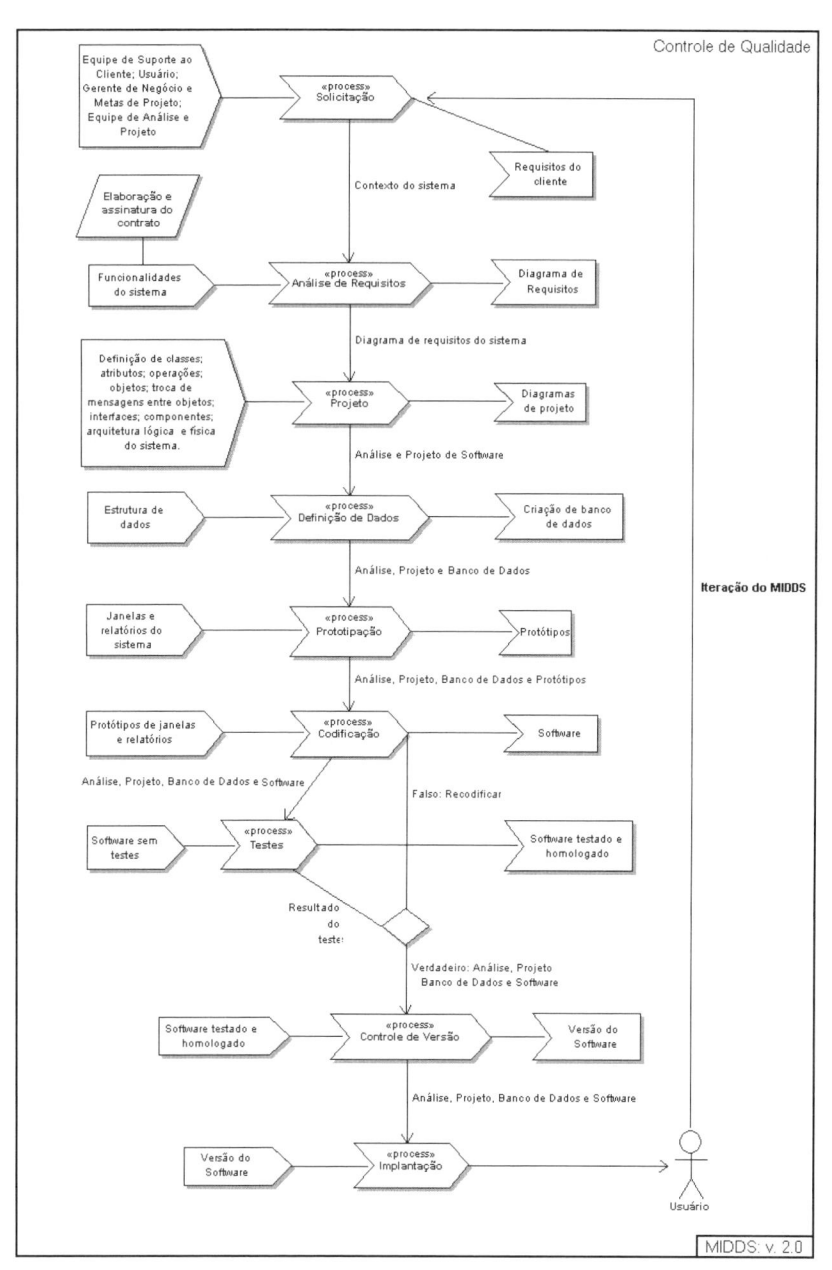

Figura 5.1: Processo iterativo do MIDDS (versão 2.0).

O Método/Processo MIDDS

É importante observar que esta é a versão 2.0 do MIDDS. A única diferença com relação à primeira versão é que, nesta segunda, está definido o controle de qualidade para todas as fases do processo. Esta idéia já havia sido implementada na sua primeira versão, mas não ficou bem clara. Sendo assim, a versão 2 conta com um maior destaque para o controle de qualidade, que deve estar presente em todas as fases.

Em relação ao processo do MIDDS, a modelagem de software está nas fases de *Análise de Requisitos* e *Projeto*. Nestas duas fases, utilizaremos a UML para criar nossos modelos de software.

Como a fase de *Solicitação* do processo do MIDDS é uma base para as fases de *Análise de Requisitos* e *Projeto*, definiremos o sistema a ser desenvolvido nesta fase também. Isto será visto com mais detalhes no **Capítulo 10**.

Capítulo 6

O controle de qualidade de software

O controle de qualidade de software é um dos fatores mais importantes em uma fábrica de software. Manter um software com qualidade é garantia de novos clientes e satisfação dos atuais. Existe algo melhor do que isso para uma empresa? Para mim, não!

Criar software de qualidade é um objetivo que deve ser perseguido por todas as empresas de software. Por isso, o método MIDDS define o controle de qualidade para todas as fases do processo.

A qualidade no software permite que fábricas de software criem produtos capazes de atender, da melhor forma, as necessidades dos seus usuários. Qualquer que seja o método ou processo de desenvolvimento de software será necessário que a empresa de software procure atender alguns conceitos que foram surgindo com a evolução da Engenharia de Software. Estes conceitos modelam um software com características de qualidade satisfatórias aos seus usuários e devem ser aplicados e controlados em todas as fases de um método ou processo de desenvolvimento.

A seguir serão apresentados alguns conceitos comuns a qualquer software de qualidade, os quais devem ser implantados em um controle de qualidade que deverá acontecer em todas as fases do processo do MIDDS. Esses conceitos serão aqui apresentados, pois devem estar garantidos em uma modelagem de software, então, os modelos que serão aqui apresentados, também seguirão esses conceitos!

Legalidade

A legalidade deve ser aplicada a qualquer software, ou seja, um software deve estar de acordo com as leis vigentes. Criar um software que atenda as leis em vigor é uma preocupação que deve existir sempre!

A questão da legalidade é uma coisa que vai além de uma simples regra, está ligada à ética profissional. Criar software com "teclas de atalho com macetes" para burlar o fisco é muito mais que antiético, é crime. Isto nunca deve acontecer em uma empresa de desenvolvimento de software.

Uma empresa, seja ela qual for, só será respeitada se ela for ética e responsável em suas ações.

Lembre-se de não aceitar idéias de clientes, que às vezes pedem "macetes". Tenha atitudes rigorosas, lembrando sempre que é sua carreira que está em jogo. É melhor perder alguma oportunidade do que colocar em risco tudo o que conquistou!

Funcionalidade

As funcionalidades de um software devem atender sempre às necessidades do usuário. O atendimento às necessidades do usuário não deve estar restrito aos acordos de contrato, pois não adianta ter um software que faz tudo o que está acordado no contrato, mas que não atende às necessidades dos seus usuários, já que isso os deixaria insatisfeitos da mesma forma. Os contratos devem prever mudanças para atender as necessidades do usuário, e isto deve estar em segundo plano, pois o primeiro é a *legalidade*.

A funcionalidade de um software é muito importante para conquistar o cliente, mas não é fácil desenvolver um sistema que acople todas as funcionalidades possíveis ao seguimento que ele vai atender. Por esses motivos, os atuais métodos de desenvolvimento buscam atender as prioridades do cliente, deixando para o final aquelas funcionalidades que não são essenciais, que podem esperar. O que devemos deixar acordado com o cliente é que as principais funcionalidades serão atendidas no início do projeto, mas as outras serão implantadas no prazo definido. Garantir a implantação dessas funcionalidades no prazo certo é um requisito muito importante para a credibilidade da empresa perante o cliente.

Segurança

A segurança também é de essencial importância a um sistema de informação, pois o software não deve permitir acesso a pessoas não autorizadas.

Atualmente, devemos nos preocupar com a segurança dos sistemas e, quando falo isso, não estou falando apenas de sistemas on-line, mas também em sistemas locais off-line. Qualquer empresa, principalmente as maiores, deve se preocupar com a integridade do trabalho que está sendo realizado por um profissional e usuário do software. Por isso, o sistema deve ter um sistema de *login* com senhas seguras para cada usuário. Grandes empresas devem se preocupar muito com a segurança, pois possuem muitos funcionários, o que dificulta o controle.

Com o advento da Internet e dos sistemas on-line – os quais, diga-se de passagem, são uma grande evolução da humanidade – não é recomendado que um sistema tenha seus dados totalmente disponíveis aos atuais servidores de Internet. Ainda não existe no mercado um sistema totalmente seguro, visto que existem empresas trabalhando para isso, mas acredito que confiança total ainda está além da nossa realidade.

É extremamente útil criar rotinas e disponibilizar parte dos dados pela rede mundial, mas dados sigilosos confidenciados a sistemas que permitem falhas ou acesso humano, eu não recomendo.

Flexibilidade

Segundo os avanços tecnológicos, várias tecnologias surgem a cada ano e criar um software que não se comunica com outras tecnologias é um erro fatal. A capacidade de integração com outras tecnologias é uma característica essencial no desenvolvimento de um software, visto que todo software está ligado à alta tecnologia e ela será sempre dinâmica.

O dinamismo da alta tecnologia está no fato de que muitas pessoas estão trabalhando na sua evolução, por isso novas ferramentas serão criadas a cada dia. É importante que um software seja desenvolvido em uma plataforma que nos permita utilizar estas novas ferramentas disponíveis no mercado. Devemos criar modelos de software que nos permitam unir tecnologias, principalmente com a utilização de tecnologias distintas, pois o mais importante hoje é usar tecnologias que são um padrão na indústria de software, e não exclusividade de uma única empresa.

Manutenção

A manutenção é um ponto crítico em um software, qualquer que seja ele, pois ela não poderá em hipótese alguma deixar de existir.

Desenvolver software com uso de arquitetura contribui para que eventuais problemas sejam facilmente corrigidos, também garante que os analisas e programadores futuramente realizem a manutenção do sistema com maior eficiência e rapidez, deixando o usuário satisfeito com o serviço de manutenção prestado.

Os padrões existentes no mercado já possuem uma arquitetura ideal para cada projeto, ou seja, uma pequena mudança nele até poderá ser útil para quem está "reinventando a roda", mas será o caos para quem conhece o padrão e o "pegará" futuramente, pois este projeto estará totalmente despadronizado.

É bom sempre observar se a tecnologia e padrão adotados são adequados às características do projeto, para garantir um futuro serviço de manutenção mais tranqüilo.

Suporte

A maioria dos usuários de software tem a seguinte preocupação: "Posso utilizar este produto sem a preocupação de que um dia ele vá 'parar' e me 'deixar na mão'?" Um software "parar" uma vez ou outra é até normal, o que não é normal é o seu usuário não ter o suporte necessário para resolver o problema.

Um software deve ter uma equipe de suporte bem treinada para "socorrer" seus usuários no momento necessário. Em relação ao desenvolvimento do software, o serviço de suporte é realmente mais fácil mas, mesmo assim, exige conhecimentos sólidos em sistemas por parte do profissional.

O atendimento ao cliente é de muita importância, pois este profissional é o representante da empresa: se ele for bom, a visão do cliente em relação à empresa de software será boa também!

Backup

Um dos maiores patrimônios dos usuários de sistemas são os seus dados. Um software de qualidade deve possuir rotina de backup automática e confiável, que garanta a integridade dos dados em caso de "pane" no equipamento.

Não há nada mais desagradável no ramo de sistemas do que perder os dados e, ao mesmo tempo, descobrir que não existe backup. Deixar esta responsabilidade para o cliente pode até ser muito cômodo, mas não é recomendável, pois o cliente pode ser negligente na hora de fazer o backup e, quando perder os dados, vai culpar o sistema.

O ideal é que o software tenha rotina confiável de backup automático, mas, mesmo assim, é necessário conferir se este backup está sendo realizado com freqüência. É necessário manter pelo menos 40 backups dos dados, ou seja, backups diários de 40 dias atrás. Sempre.

Software Intuitivo

Criar um software intuitivo é uma necessidade que o mercado exige hoje. Com um grande dinamismo nas empresas de um modo geral, a entrada e saída de colaboradores são situações que sempre ocorrem e, quando esta mesma empresa utiliza um software com funcionalidade intuitiva, isso não causará nenhuma dificuldade ao novo colaborador que se integrar à equipe, visto que o próprio software permitirá que o usuário entenda facilmente as suas funções.

Um software com funções intuitivas permite que o usuário saiba onde encontrar os recursos e funcionalidades do sistema; em outras palavras, este software oferece uma interface amigável e fácil de ser compreendida.

Praticidade

Este conceito está ligado à facilidade em operar o sistema. Todo sistema deve ser fácil de operar e, quanto mais fácil for, mais benefício trará ao seu usuário.

Como exemplo de praticidade, podemos citar uma janela de lançamento de contas, que permite que o usuário do sistema efetue os lançamentos utilizando apenas o teclado numérico. Outro exemplo de praticidade é quando o usuário pode efetuar operações completas no sistema, com apenas alguns cliques do mouse.

Eficiência

A eficiência do software está diretamente ligada ao tempo de resposta de processamento e aos recursos utilizados no sistema. Quanto menos recursos utilizar (memória, processamento, espaço em disco etc.) e quanto mais rápida for a resposta de processamento, desde que a mesma funcionalidade seja atendida, maior será a eficiência do sistema.

Qualquer que seja o software, as características aqui apresentadas são apropriadas a uma maior qualidade do produto. Quando um software atingir todos estes requisitos, poderá ter uma qualidade satisfatória aos seus usuários. Aqui, nos modelos que desenvolveremos, perseguiremos todas estas características para garantir qualidade ao nosso software.

Capítulo 7

Orientação a Objetos

Antes de estudar a UML, devemos dominar a Orientação a Objetos, pois é com base nos conceitos da POO (*Programação Orientada a Objetos*) que construiremos nossos modelos, utilizando a UML.

A Orientação a Objetos é um padrão de desenvolvimento de software baseado em classes. Neste padrão, as classes são como uma forma para a criação de objetos, os quais serão utilizados no sistema. Nesta modalidade de programação, os objetos trocam "mensagens" e são utilizados para realizar ações executadas na memória do computador, enquanto às classes resta apenas definir as características e ações destes objetos. Quando um software é desenvolvido sob os conceitos de Orientação a Objetos, normalmente são criados modelos, que serão úteis para representar o sistema de forma rápida e objetiva. Estes modelos são criados antes da codificação e representam, de forma detalhada e por meio de diagramas, todo o software que será implementado.

A Orientação a Objetos possui conceitos, que estão descritos a seguir. Neste capítulo, vamos criar exemplos que serão incrementados gradualmente, para o melhor entendimento do assunto pelo leitor.

Classe

As classes definem as características dos seus objetos, pois os objetos são sempre criados a partir de uma classe. Uma classe pode representar vários objetos e esta é uma das suas utilidades: a possibilidade do reuso de código.

As classes possuem *Atributos* e *Métodos*, utilizados para definir as características e ações dos objetos criados a partir desta classe. Como foi dito anteriormente, as classes podem ser entendidas como uma forma que será utilizada para criar um ou mais objetos.

Na Orientação a Objetos, existem dois tipos de classes: generalizadas e especializadas.

Uma classe generalizada é aquela que será utilizada como base para a criação de outras classes, enquanto as classes especializadas são aquelas que serão a base para a criação de objetos.

Vamos ao nosso exemplo de software orientado a objetos. Serão criados alguns objetos em Java. Para testar estes exemplos, basta utilizar uma IDE Java como o *Eclipse,* por exemplo.

Criaremos uma classe de nome `Computador`, que possui as características mais importantes deste equipamento. Veja como fica:

```java
public class Computador
{
  static String modelo;
  static String fabrica;
  static String placaMae;
  static String processador;
  static String RAM;
  static String cache;
  static String bus;
  static String video;
  static String monitor;

  public Computador()
  {
  }
}
```

Na criação de uma classe em Java, esta classe possuirá um método que possui o mesmo nome que ela (a classe). Esse método é chamado de **construtor** (o conceito de métodos será visto mais adiante). É no método construtor que definimos os valores dos atributos de cada classe, ou seja, as características que os objetos desta classe possuirão. Como esta classe `Computador` apenas definirá os atributos para outras classes, que serão criadas mais adiante, ela não definirá valores para estes atributos, deixando esta responsabilidade para as outras classes que serão criadas a partir dela.

A classe `Computador` possui os atributos a seguir:
- `modelo`;
- `fabrica`;
- `placaMae`;
- `processador`;
- `RAM`;
- `cache`;
- `bus`;
- `video`;
- `monitor`.

Como foi dito anteriormente, uma classe pode ser utilizada na criação de uma outra classe. É o que vamos fazer agora, veja o código a seguir:

```java
public class HP extends Computador
{
```

```
    public HP()
    {
      modelo = "NoteBook";
      fabrica = "HP";
      placaMae = "Off Board";
      processador = "Intel 1.73 Ghz";
      RAM = "1024";
      cache = "512";
      bus = "128 Bits";
      video = "256 Mb";
      monitor = "15,4 Pol.";
    }

    public static void main(String[] args)
    {
      new HP();
    }
}
```

Observe que, como a classe HP é uma extensão da classe Computador, ela é uma especialização da classe Computador, assim como a classe Computador é uma generalização da classe HP.

A classe HP já define os valores dos atributos estabelecidos na classe Computador, mas como a classe Computador é uma classe de nível mais alto que a classe HP, ela poderá ser utilizada para criação de outras classes que possuirão dados diferentes dos de HP. Porém, terão os mesmos atributos e características desta classe, pois serão criadas a partir da mesma classe Computador.

Mais adiante, na medida em que forem sendo apresentados os outros conceitos da Orientação a Objetos, serão apresentados também mais detalhes das classes aqui criadas.

Objeto

O objeto é uma instância de uma classe, ou seja, o código definido na classe e executado na memória do computador. O objeto possui todas as características de sua classe, armazena valores quando são utilizados no sistema, pode executar as ações que são definidas em cada método de sua classe, envia mensagens a outros objetos e responde a cada mensagem enviada por outro objeto.

Os objetos de um sistema possuem características próprias, que são as mesmas definidas em sua classe. Enquanto definimos um código em uma classe, utilizamos a instanciação de objetos desta classe para executar este código.

No exemplo anterior, a classe `HP` teve seu código instanciado pela linha de código `new HP();`. O operador `();new();`, da linguagem Java, é o responsável por instanciar um objeto. Após executar este comando, o código da classe estará em um objeto na memória do computador. Podemos identificar este objeto e definir um nome para ele. Veja, no exemplo a seguir, como ficará o código da classe `HP`:

```
public class HP extends Computador
{
  public HP()
  {
    modelo = "NoteBook";
    fabrica = "HP";
    placaMae = "Off Board";
    processador = "Intel 1.73 Ghz";
    RAM = "1024";
    cache = "512";
    bus = "128 Bits";
    video = "256 Mb";
    monitor = "15,4 Pol.";
  }

  public static void main(String[] args)
  {
    HP objetoHP = new HP();
    System.out.println(objetoHP.modelo);
  }
}
```

Nesse exemplo, definimos o nome `objetoHP` para a instância do objeto, que foi criado a partir da classe `HP`. Ao utilizar o método `println` do Java para imprimir o valor do atributo `modelo`, será retornado pelo sistema o dado `Notebook`, definido no *construtor* da classe deste objeto, no caso, é a classe `HP`.

Atributo

Bem, já vimos como os atributos funcionam, então vamos à sua definição: os atributos definem as características ou dados de um objeto. Podemos chamar estas características também de propriedades do objeto, que representam a estrutura de dados que o objeto possui. Como exemplo temos a classe `HP`, que possui os atributos `modelo`, `fabrica`, `placaMae` etc.

Ao se criar uma classe com os dados de um cliente, esta classe deverá ter atributos referentes a dados de clientes, por exemplo, `nome`, `endereço`, `telefone`, `e-mail` etc.

Método

Agora chegamos ao responsável por efetuar as ações de um sistema. Os métodos definem as ações que os objetos são capazes de realizar, sendo que cada método define uma ação a ser realizada pelo objeto. Para utilizar um objeto na programação, é necessário conhecer os seus métodos, pois são eles que executam as ações necessárias para cada situação. Caso alguma ação ainda não estiver sido implementada no objeto, será necessária a criação de um novo método, que possuirá o código necessário para executar tal operação.

A nossa classe `HP` já possui um método de nome `main`, que é o responsável por executar o código desta classe. Vamos criar um novo método nesta classe, o qual chamaremos de `imprime()`. Ele será o responsável por retornar os valores dos atributos do objeto. Vamos ao novo código da classe `HP`:

```java
public class HP extends Computador
{
   public HP()
   {
     modelo = "NoteBook";
     fabrica = "HP";
     placaMae = "Off Board";
     processador = "Intel 1.73 Ghz";
     RAM = "1024";
     cache = "512";
     bus = "128 Bits";
     video = "256 Mb";
     monitor = "15,4 Pol.";
   }

   public static void main(String[] args)
   {
     HP objetoHP = new HP();
```

```
    System.out.println("----------------------");
    System.out.println("Dados dos atributos do objeto");
    System.out.println("----------------------");
    imprime(modelo);
    imprime(fabrica);
    imprime(placaMae);
    imprime(processador);
    imprime(RAM);
    imprime(cache);
    imprime(bus);
    imprime(video);
}

public static void imprime(String atributo)
{
    System.out.println(atributo);
}
}
```

O método criado `imprime()` tem a função de imprimir o valor do atributo que lhe for passado como parâmetro. Ao utilizar este método no sistema, não será necessário utilizar o `System.out.println()` para executar esta tarefa: basta utilizar o método `imprime()`. A função dos métodos é facilitar o trabalho e deixar uma operação, que pode ser complexa, pronta para ser utilizada pelo sistema, por exemplo, o cálculo de uma folha de pagamento em um sistema de gestão de pessoal.

Herança

Na Orientação a Objetos, podemos criar classes a partir de outras classes existentes. Sempre que isso ocorre, a classe criada receberá, como herança, todos os recursos da classe utilizada na sua criação, ou seja, seus métodos e atributos. A classe que será criada é uma especialização daquela que está sendo utilizada como base de sua criação e a classe-base é uma generalização da que está sendo criada.

Uma classe pode ser utilizada como base na criação de outra. Neste caso, os métodos e atributos desta classe-base estarão também disponíveis, na classe que está sendo criada. Como exemplo, podemos citar a classe HP, que herdou os atributos da classe Computador, pois a classe HP é uma extensão da classe-base Computador.

Abstração

A abstração na Orientação a Objetos refere-se à representação dos aspectos essenciais de algo real. Ela, portanto, destina-se a representar apenas aquilo que é necessário para o entendimento do sistema. Por exemplo: uma classe de entidade Clientes apenas representará os atributos e ações que estão relacionados ao cliente e que são necessários para o entendimento e funcionamento do sistema – outros detalhes ficarão fora do contexto.

Veja um exemplo de classe de Clientes, na **Figura 7.1**:

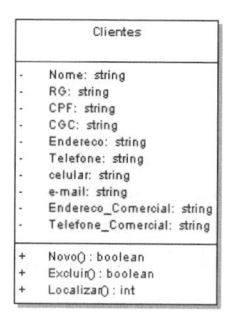

```
                    Clientes
   -  Nome: string
   -  RG: string
   -  CPF: string
   -  CGC: string
   -  Endereco: string
   -  Telefone: string
   -  celular: string
   -  e-mail: string
   -  Endereco_Comercial: string
   -  Telefone_Comercial: string
   +  Novo() : boolean
   +  Excluir() : boolean
   +  Localizar() : int
```

Figura 7.1: Um exemplo de classe de Clientes.

Encapsulamento

Os objetos são encapsulados, ou seja, só permitem o acesso a seus atributos por meio de seus próprios métodos. Caso seja necessário efetuar alguma ação com um objeto, será necessário criar um método para isso.

Nos nossos exemplos, podemos verificar que apenas os métodos realizam ações no objeto. Isto torna o entendimento e uso do sistema orientado a objetos mais fácil.

Polimorfismo

Quando criamos uma classe a partir de outra, estamos criando uma extensão de classe. A classe estendida, aquela utilizada como classe-base, é chamada de *superclasse*. A outra classe é chamada de *subclasse*. Uma superclasse pode ter várias subclasses no sistema, pois a superclasse é uma generalização das suas subclasses.

O polimorfismo permite que subclasses tenham métodos com o mesmo nome, mesma lista de parâmetros e retorno, mas com comportamentos diferentes. Caso um método de uma subclasse não seja implementado, ele terá o comportamento igual ao mesmo método da superclasse. Caso seu código seja implementado, seu comportamento será específico e exclusivo de tal subclasse.

Para exemplificar, qualquer método que for criado em nossa superclasse `Computador` será herdado pelas suas subclasses. Além disso, estes mesmos métodos serão comuns e poderão receber recursos novos em cada uma das subclasses, passando a ter assim o mesmo nome, mas comportamentos diferentes.

Interface

A `interface` é a camada de um sistema orientado a objetos que gerencia todas as ações de usuário, ou seja, é a parte do sistema que interage com o usuário. Ao implementar uma interface, a classe deve fornecer o comportamento para cada um dos eventos que podem ocorrer nessa mesma interface.

A **Figura 7.2** mostra um exemplo de interface de sistema.

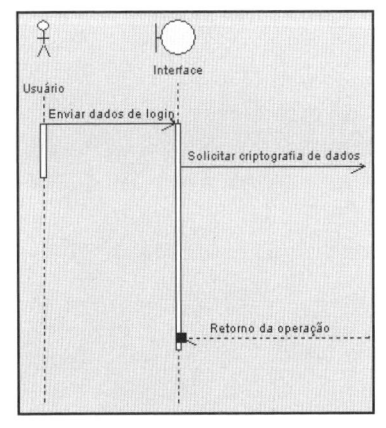

Figura 7.2: O uso de uma interface em um sistema hipotético.

Mensagem

É a comunicação entre os objetos. Para solicitar a ação de um método, por exemplo, é preciso enviar uma mensagem àquele objeto.

Pacotes

Os `pacotes` dizem respeito à lógica de organização das classes e interfaces. Classes que possuem funcionalidades parecidas ou que definem objetos com características semelhantes (objetos gráficos, por exemplo) podem estar em um mesmo *pacote*. Veja, na **Figura 7.3**, um exemplo de diagrama de pacotes:

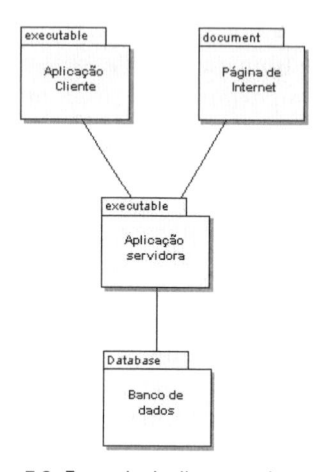

Figura 7.3: Exemplo de diagrama de pacotes.

Capítulo 8

A modelagem de software com UML

A UML surgiu para resolver o problema de modelagem de software, já que ela nos permite desenvolver modelos utilizando diagramas muito rápidos e Objetivos – afinal, ela é uma linguagem que tem a função de construir modelos de softwares orientados a objetos. A vantagem de utilizar UML para modelagem de sistemas orientados a objetos está na rapidez e objetividade de seus diagramas, nos detalhes técnicos que a UML nos permite representar, fornecendo a toda uma equipe de desenvolvedores recursos gráficos muito úteis para representar as características relacionadas a seguir, entre outras:
- requisitos do software;
- estado do software;
- estrutura lógica do software;
- requisitos de hardware;
- comunicação entre os objetos do software.

O melhor recurso que temos hoje em uso para modelagem de software orientado a objetos é a UML. Vamos, então, estudar quais são os diagramas e recursos da UML, para construir nossos modelos de software!

Os elementos da UML

A UML é composta de elementos que são representações gráficas que serão utilizadas para definir componentes do sistema orientado a objetos. É possível encontrar elementos em mais de um diagrama, mas, para cada diagrama da UML, são utilizados os elementos previamente definidos pela UML para aquele diagrama.

Os elementos da UML são:
- classes;
- objetos;
- estados;
- pacotes;
- componentes;
- relacionamentos.

Com a combinação destes elementos, podemos criar modelos por meio dos vários diagramas da UML. Vamos então estudar a representação gráfica de cada um destes elementos.

Classes

As classes utilizadas em UML, assim como ocorre com as utilizadas em Orientação a Objetos, representam as características de um objeto. Sua representação gráfica é dividida em três partes:
- nome da classe;
- atributos da Classe;
- operações.

Veja, na **Figura 8.1**, um elemento *classe* da UML:

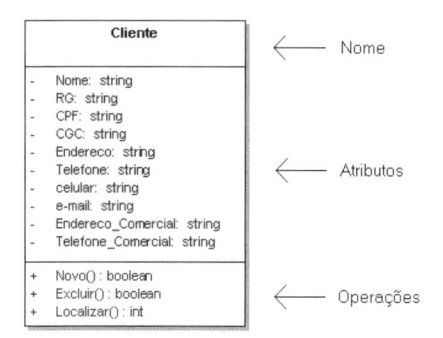

```
                Cliente                    ← Nome
    - Nome: string
    - RG: string
    - CPF: string
    - CGC: string
    - Endereco: string
    - Telefone: string                     ← Atributos
    - celular: string
    - e-mail: string
    - Endereco_Comercial: string
    - Telefone_Comercial: string
    + Novo() : boolean
    + Excluir() : boolean                  ← Operações
    + Localizar() : int
```

Figura 8.1: O elemento *classe* da UML.

Como podemos observar na **Figura 8.1**, temos um "sinal" que aparece antes de cada atributo ou operação de uma classe. Esse "sinal" é chamado de escopo. Isto será visto no item a seguir.

Escopo de atributos e operações

Na Orientação a Objetos, o escopo define a abrangência em que um atributo ou operação terá em relação às outras classes do sistema. Podemos utilizar os atributos a seguir:
- **Private**: define um atributo ou método de uma classe como privado. Um atributo ou método privado só poderá ser acessado pela sua própria classe.
- **Public**: define um atributo ou método de uma classe como público. Um atributo ou método público poderá ser acessado por qualquer outra classe do sistema.

Normalmente um sistema deve possuir atributos privados e métodos públicos. Em alguns casos podemos ter métodos privados, quando estes precisam ser acessados exclusivamente pela sua própria classe. Não é recomendável que classes possuam atributos públicos.

Ao criar atributos privados, precisamos utilizar os métodos das classes para acessar os valores de seus atributos. Isto nos permite um sistema com baixo acoplamento entre as classes, ou seja, um sistema com classes mais independentes, o que é muito bom em termos de segurança, qualidade, performance e capacidade de expansão do sistema.

A representação do escopo na UML é feito por meio dos sinais de subtração (-) e adição (+). O sinal de subtração (-) representa um escopo private e o sinal de adição (+) representa um escopo public.

Reveja a **Figura 8.1**, em que criamos uma classe de nome Cliente, com todas as suas operações públicas, ou seja, seus métodos poderão ser acessados por qualquer outra classe do sistema. Nesta classe, definimos seus atributos com o escopo do tipo privado, em que eles só poderão ser acessados pela sua própria classe, a de nome Cliente.

Objetos

Assim como na Orientação a Objetos, um objeto é uma instância de uma classe, na UML ele se parece com as classes, mas apresenta valores reais para cada atributo. Os objetos têm seus nomes sublinhados e possuem o nome da classe logo a seguir, separados por um sinal de dois-pontos (:).

O nome da classe na frente do nome do objeto permite identificar facilmente a classe em que este objeto se baseia. Veja na **Figura 8.2** um exemplo de elemento *objeto* da UML:

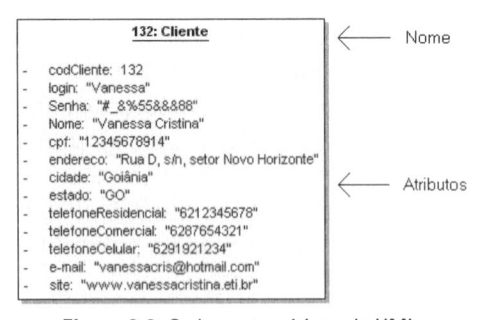

```
                132: Cliente                    ← Nome
    - codCliente: 132
    - login: "Vanessa"
    - Senha: "#_&%55&&&88"
    - Nome: "Vanessa Cristina"
    - cpf: "12345678914"
    - endereco: "Rua D, s/n, setor Novo Horizonte"
    - cidade: "Goiânia"
    - estado: "GO"                              ← Atributos
    - telefoneResidencial: "6212345678"
    - telefoneComercial: "6287654321"
    - telefoneCelular: "6291921234"
    - e-mail: "vanessacris@hotmail.com"
    - site: "www.vanessacristina.eti.br"
```

Figura 8.2: O elemento *objeto* da UML.

Como um objeto tem por base uma classe, as suas características serão sempre idênticas as de sua classe.

Estados

Os estados de um objeto são situações que podem ocorrer com um determinado objeto chamadas de *eventos*. Os eventos ocorrem segundo as tarefas executadas no sistema, que poderá resultar em uma mudança no estado do objeto, entre os valores de seus atributos.

Como os atributos do objeto podem mudar de estado para estado, é necessário representar estes atributos que sofreram alterações além das operações utilizadas durante a mudança. Caso todos os atributos do objeto estejam envolvidos na mudança de estado, não será necessário representar todos eles no diagrama de máquina de estados.

Veja, na **Figura 8.3**, um elemento de *estado* de sistema:

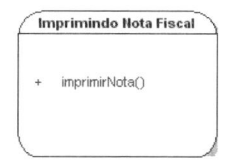

```
┌─ Imprimindo Nota Fiscal ─┐
│                          │
│   +   imprimirNota()     │
│                          │
└──────────────────────────┘
```

Figura 8.3: O elemento *estado* da UML.

Como podemos observar na **Figura 8.3**, os atributos não aparecem, pois todos eles estão envolvidos na impressão da Nota Fiscal. Quando temos um estado em que apenas alguns atributos estão envolvidos na operação, estes devem ser apresentados no estado do objeto.

Pacotes

Os pacotes são utilizados na UML para agrupar elementos que estão relacionados semanticamente. Eles são muito importantes não apenas para fins de organização das classes, mas também para fins de arquitetura de software. Podemos ter, por exemplo, uma camada do sistema em um pacote específico, o que é essencial na hora de distribuir o aplicativo.

A **Figura 8.4** mostra um elemento *pacote* da UML.

```
┌─executable─┐
│            │
│  Aplicação │
│   Cliente  │
│ (Interface)│
└────────────┘
```

Figura 8.4: O elemento *pacote* da UML.

Componentes

Os componentes representam os códigos-fonte ou os arquivos compilados do sistema. Uma DLL, um arquivo EXE, um *byte-code* ou um arquivo de script são exemplos de componentes do sistema.

Veja, na **Figura 8.5**, um exemplo de elemento *componente*:

```
   «file»
 Cliente.java
```

Figura 8.5: O elemento *componente* da UML.

Relacionamentos

Os relacionamentos da UML são os elementos que definem as relações entre as classes ou a relação entre os objetos do sistema. A UML define vários tipos de relacionamentos, veja quais são:

- **Associação**: faz uma conexão entre classes. Existem vários tipos de associações:
    - **Associação normal**: é uma associação entre classes, que define uma conexão entre elas. Ela é representada por uma linha sólida. Veja exemplo na **Figura 8.6**:

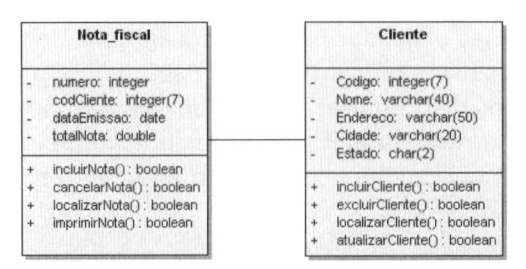

```
┌──────────────────────────┐         ┌──────────────────────────┐
│       Nota_fiscal        │         │         Cliente          │
├──────────────────────────┤         ├──────────────────────────┤
│ - numero: integer        │         │ - Codigo: integer(7)     │
│ - codCliente: integer(7) │         │ - Nome: varchar(40)      │
│ - dataEmissao: date      │─────────│ - Endereco: varchar(50)  │
│ - totalNota: double      │         │ - Cidade: varchar(20)    │
│                          │         │ - Estado: char(2)        │
├──────────────────────────┤         ├──────────────────────────┤
│ + incluirNota(): boolean │         │ + incluirCliente(): boolean │
│ + cancelarNota(): boolean│         │ + excluirCliente(): boolean │
│ + localizarNota(): boolean│        │ + localizarCliente(): boolean│
│ + imprimirNota(): boolean│         │ + atualizarCliente(): boolean│
└──────────────────────────┘         └──────────────────────────┘
```

Figura 8.6: Uma associação normal entre duas classes.

A associação da **Figura 8.6**, juntamente com os atributos das classes, é suficiente para representar que as classes `Nota_fiscal` e `Cliente` estão relacionadas.

- **Associação reflexiva**: é a associação cujo objeto relaciona-se com um objeto de mesma classe. Como exemplo, podemos citar uma associação entre pai e filho, em que ambos são pessoas e serão representados por uma única classe: a classe `Pessoa`. Por isso, este tipo de associação também é chamado de *associação unária*. Veja o exemplo na **Figura 8.7**:

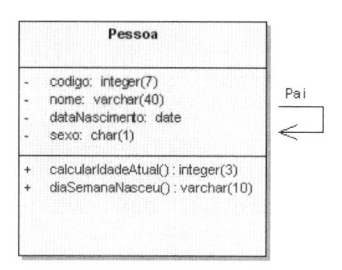

Figura 8.7: Uma associação unária (reflexiva).

- **Associação quantitativa**: as associações quantitativas são utilizadas para definir a quantidade de objetos que estão relacionados em cada associação. Ela define a faixa de objetos envolvidos em cada classe. As definições quantitativas, chamadas de *cardinalidade*, são:
  - **(1..1) (Um para um)**: significa que um objeto de uma classe está relacionado a apenas um objeto de outra classe. Veja exemplo na **Figura 8.8**:

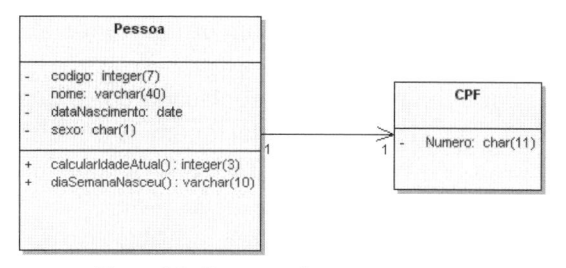

Figura 8.8: Uma associação um para um.

Essa associação é lida da seguinte forma: para cada pessoa há um CPF, e há somente um CPF para cada pessoa.

A modelagem de software com UML

- **(1..n) (Um para vários)**: um objeto de uma classe está relacionado a vários objetos da outra classe. A definição para vários pode ser a letra *n* ou o sinal *. Veja exemplo na **Figura 8.9**:

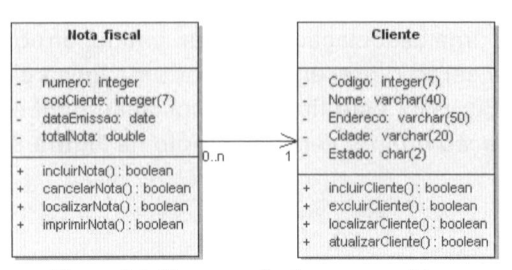

Figura 8.9: Uma associação um para vários.

Essa associação é lida da seguinte forma: para cada nota fiscal, existe um cliente e, para cada cliente, pode existir zero ou várias notas fiscais.

- **(n..n) (Vários para vários)**: vários objetos de uma classe estão relacionados a vários objetos de uma outra classe. Veja exemplo na **Figura 8.10**:

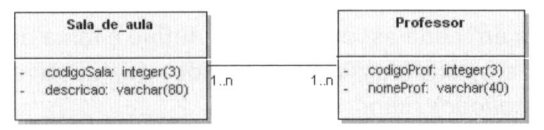

Figura 8.10: Uma associação vários para vários.

Neste caso, um objeto `Sala_de_aula` pode possuir de um a vários objetos do tipo `Professor`, e um objeto `Professor` pode estar relacionado com um ou vários objetos do tipo `Sala_de_aula`.

- **Associação binária**: esta associação ocorre quando objetos de duas classes distintas se relacionam. É o mais comum tipo de associação. As **Figuras 8.8**, **8.9** e **8.10** são exemplos de associação binária.
- **Associação n-ária**: ocorre quando objetos de três ou mais classes distintas se relacionam. Veja um exemplo na **Figura 8.11**:

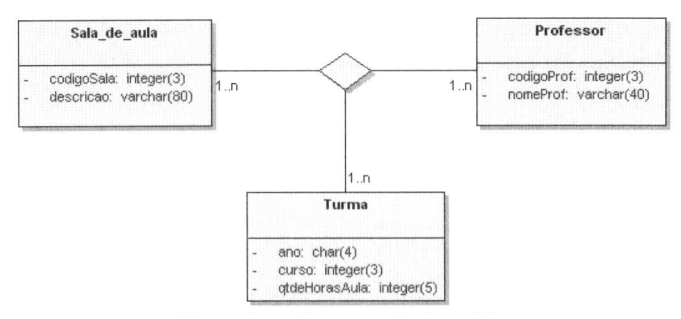

Figura 8.11: Uma associação n-ária.

- **Associação exclusiva**: Em alguns casos, podemos ter uma classe que tem a capacidade de se relacionar com duas ou mais classes, mas este relacionamento deve ser exclusivo a apenas uma destas classes. O relacionamento deve existir a apenas uma das classes possíveis. Veja a **Figura 8.12**:

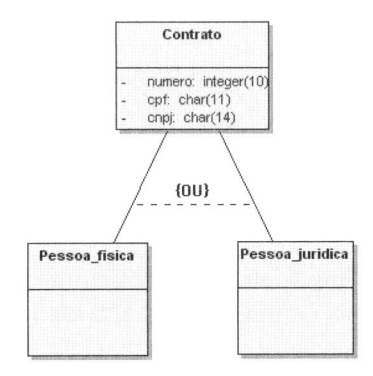

Figura 8.12: Uma associação exclusiva.

Esse tipo de associação é muito útil e necessário em casos como este. Ela é representada por uma linha pontilhada e um indicador {OU} que identificará a associação como exclusiva para uma das classes relacionadas.

- **Agregação**: A agregação representa que um objeto precisa de informações contidas em um ou vários outros objetos. Como exemplo de uma agregação, podemos citar os itens de uma nota fiscal, onde a nota fiscal é definida por uma classe que define o cabeçalho da nota, enquanto seus itens, que são de uma outra classe, estão agregados ao cabeçalho de uma nota fiscal específica. Veja exemplo na **Figura 8.13**:

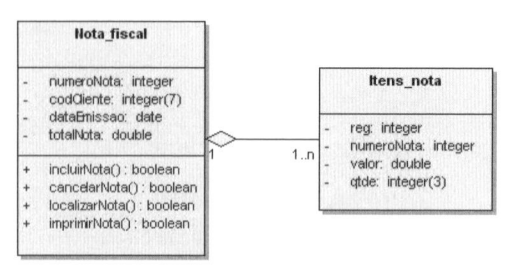

Figura 8.13: Um exemplo de agregação.

- **Composição**: uma composição representa que dois objetos devem estar associados de forma exclusiva. Ou seja, somente dois objetos devem estar exclusivamente relacionados entre si e com um vínculo mais forte que a agregação. Veja exemplo na **Figura 8.14**:

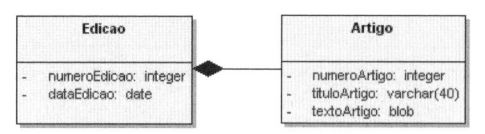

Figura 8.14: Um exemplo de composição.

- **Generalização/Especialização**: relaciona uma classe generalizada a suas classes especializadas. Ela identifica as classes-mãe (generalizadas) e as classes-filha (especializadas). As classes-filha são extensões da sua classe-mãe. Uma classe-filha herda o comportamento de sua classe-mãe. Veja exemplo na **Figura 8.15**:

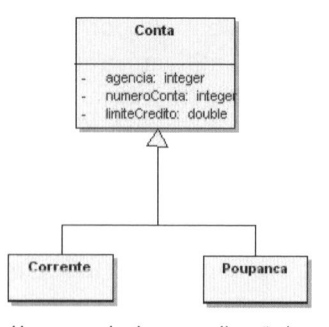

Figura 8.15: Um exemplo de generalização/especialização.

- **Dependência**: define uma dependência entre elementos do modelo. Ela é representada por uma seta tracejada apontada para o elemento relacionado com o elemento dependente. Uma dependência significa que uma classe depende de algum recurso oferecido por outra classe relacionada. Veja exemplo na **Figura 8.16**:

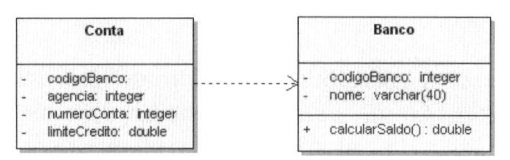

Figura 8.16: Uma dependência entre duas classes.

- **Realização**: a realização é o inverso da dependência. Ela define quando um elemento fornece recursos a outro elemento. Na realização, a seta está apontada para o elemento que receberá os recursos oferecidos. No exemplo anterior, uma realização ficaria conforme mostrado na **Figura 8.17**:

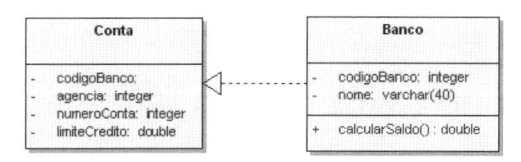

Figura 8.17: Uma realização entre duas classes.

Estereótipos

Os estereótipos são utilizados para destacar os componentes do modelo de software. Existem estereótipos de texto ou gráficos. Os estereótipos de texto, normalmente, aparecem antes do nome do componente, entre os caracteres << >>, enquanto os estereótipos gráficos modificam a forma-padrão do componente.

Veja, a seguir, os estereótipos da UML:

- **<<entity>>**: estereótipo de entidade. Ele representa uma classe que possui informações geradas pelo sistema. Veja uma representação de seu elemento na **Figura 8.18**:

Figura 8.18: Estereótipo _ de _ entidade.

- <<control>>: estereótipo de controle. Representa uma classe de controle do sistema. Este estereótipo interpreta eventos e interage com objetos do sistema. Veja seu elemento na **Figura 8.19**:

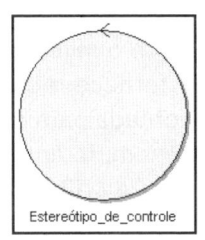

Figura 8.19: Estereótipo _ de _ controle.

Diagrama de casos de uso

O diagrama de casos de uso representa os requisitos do sistema. Após o levantamento de requisitos junto ao usuário, os analistas utilizam este diagrama para documentar as funcionalidades do sistema.

Este diagrama pode ser criado para representar todas as funcionalidades do sistema em um só diagrama, neste caso o sistema deve ter poucas funcionalidades, ou podem ser criados quantos diagramas forem necessários para representar estas funcionalidades. Normalmente representamos o Ator, ou seja, o usuário do sistema, trocando mensagens com "bolhas", que representam as funções e recursos do sistema.

Veja, na **Figura 8.20**, um exemplo de caso de uso, no qual o usuário inicia uma ordem de serviço no sistema. As bolhas com círculo pontilhado representam uma colaboração, ou seja, operações que complementam uma outra tarefa.

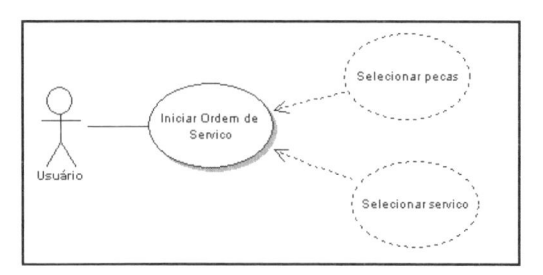

Figura 8.20: Um exemplo de diagrama de caso de uso (Iniciar Ordem de Serviço).

Diagrama de classes

O diagrama de classes é um dos diagramas mais conhecidos da UML. Sem ele, não será possível definir os outros diagramas do projeto, já que o diagrama de classes é essencial na criação do modelo.

As classes do sistema representam um modelo lógico das estruturas abstratas do software, ou seja, de tudo o que será realizado no sistema. Em outras palavras, as classes de entidades podem ser comparadas com um MER (*Modelo de Entidades e Relacionamentos*), pois foi a partir deste modelo que o diagrama de classes surgiu, como sua evolução.

Na visualização do diagrama de classes do sistema, podemos ter uma visão de como deverá ser as tabelas do banco de dados e seus relacionamentos. Ele permite que as operações a serem executadas pelo sistema sejam visualizadas facilmente, pois cada entidade apresenta seus atributos e operações disponíveis no sistema.

A **Figura 8.21** apresenta um diagrama de classes de um software para controle de ordem de serviços. Observe que cada classe define seus atributos e as operações disponíveis. Neste diagrama, não vamos nos preocupar em apresentar uma arquitetura de software, mas apenas em mostrar como uma classe se relaciona com outra em um sistema. Questões de arquitetura serão vistas com mais detalhes no **Capítulo 9**.

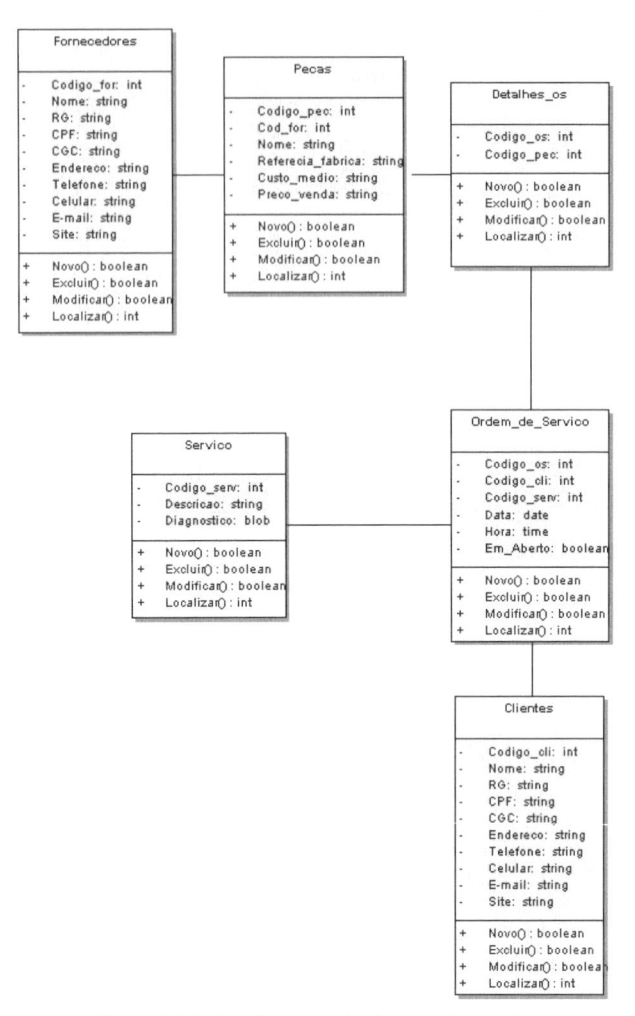

Figura 8.21: Um diagrama de classes de um sistema.

Diagrama de objetos

Este diagrama fornece uma visão dos valores que os objetos armazenam em determinado momento do sistema. Como os objetos possuem a mesma estrutura de suas classes, a função deste diagrama é permitir ao desenvolvedor uma visão dos dados que este objeto poderá possuir durante a execução do software, o que permite que alguma dúvida seja solucionada no momento do desenvolvimento do software.

Este diagrama também é útil para o usuário, que poderá visualizar os dados no mesmo formato em que lhe serão solicitados pelo sistema. Veja um exemplo na **Figura 8.22**:

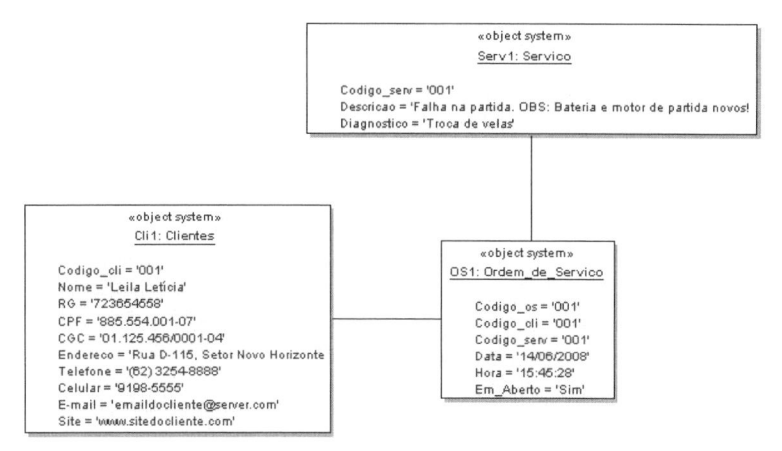

Figura 8.22: Um exemplo de diagrama de objetos.

Diagrama de estrutura composta

Este diagrama tem a função de representar aspectos no sistema que estão relacionados à execução. O diagrama de estrutura composta permite a visualização de aspectos ocorridos em tempo de execução no sistema, os quais não são possíveis de serem representados em um diagrama de classes.

O exemplo está na **Figura 8.23**, que apresenta a classe que será utilizada na seleção de peças no sistema:

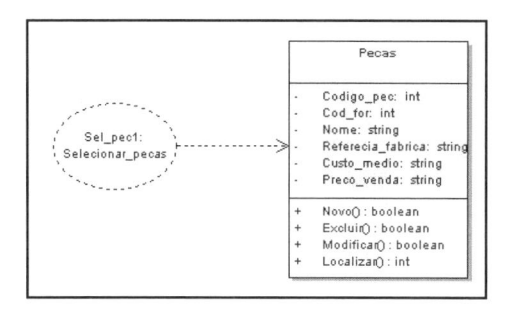

Figura 8.23: Utilizando um diagrama de estrutura composta.

Diagrama de seqüência

Este também é um diagrama muito importante na UML: ele representa a troca de mensagens entre os objetos do sistema, em uma ordem de tempo. Isto permite que o desenvolvedor tenha uma visão clara das tarefas relacionadas no sistema e do que deve ser programado primeiro.

Veja um exemplo na **Figura 8.24**, em que é apresentado um diagrama de seqüência de um cadastro de cliente. Observe que o usuário, representado no diagrama, comunica-se com a camada de interface do sistema, e esta última se comunicará com uma camada de controle. A camada de controle checará se os dados fornecidos pelo usuário estão completos e corretos, que, neste caso, realizará a gravação destes dados na camada de Model (Dados):

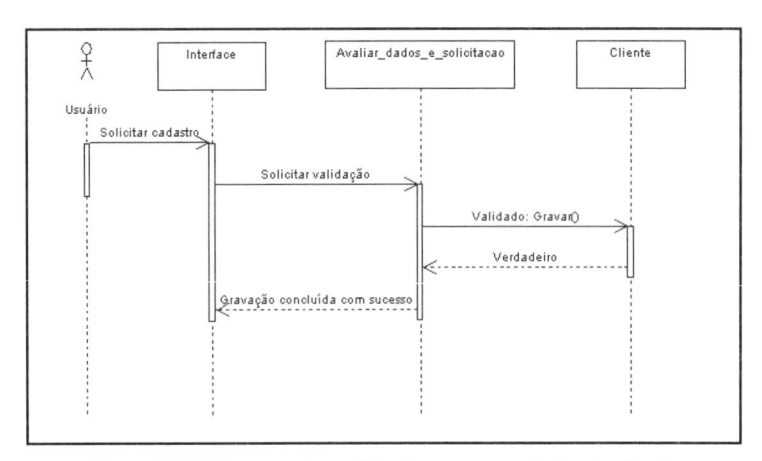

Figura 8.24: Diagrama de seqüência para um cadastro de cliente.

Diagrama de comunicação

Este diagrama era conhecido como diagrama de colaboração, na versão 1.5 do UML. A partir da versão 2.0, no entanto, ele foi definido como Diagrama de comunicação, pois representa a troca de mensagens entre os objetos, sem se preocupar com o tempo. Veja a **Figura 8.25**:

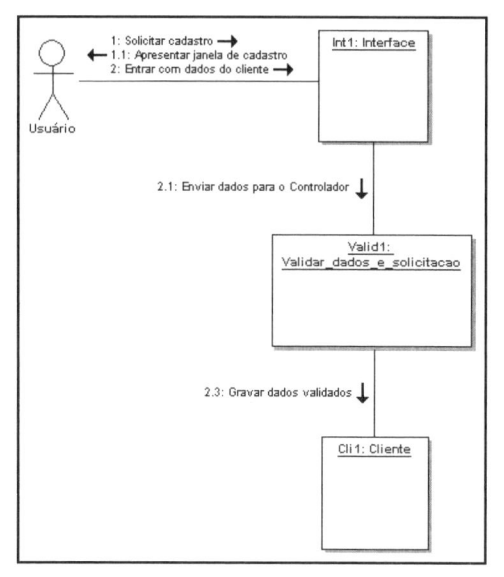

Figura 8.25: Diagrama de comunicação representando o cadastro de cliente do exemplo anterior.

Diagrama de máquina de estados

Este diagrama representa os estados que um objeto poderá assumir durante a execução do sistema. Um objeto poderá assumir estados diferentes durante a execução do sistema quando, por exemplo, uma ordem de serviço, que não está faturada em um determinado momento do sistema, poderá estar faturada após a execução de uma rotina de faturamento. Veja o exemplo da **Figura 8.26**:

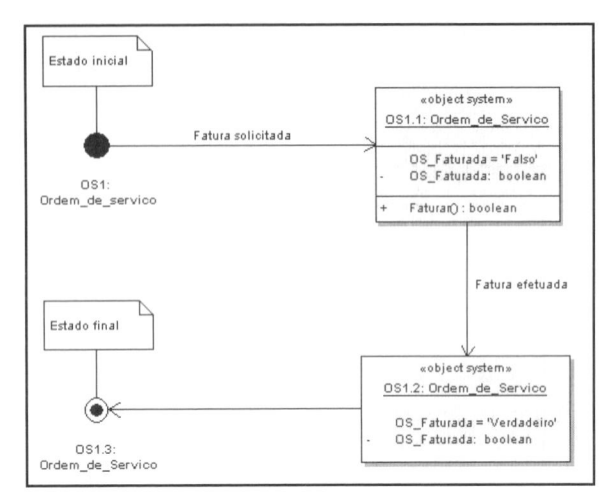

Figura 8.26: Um diagrama de máquina de estados, representando os estados de um objeto do tipo `Ordem _ de _ Servico`.

Diagrama de atividades

O diagrama de atividades representa uma atividade específica do sistema. Muito parecido com os antigos fluxogramas, ele permite a visualização do fluxo de execução do sistema. A **Figura 8.27** apresenta um exemplo de diagrama de atividades, em que uma ordem de serviço está sendo faturada:

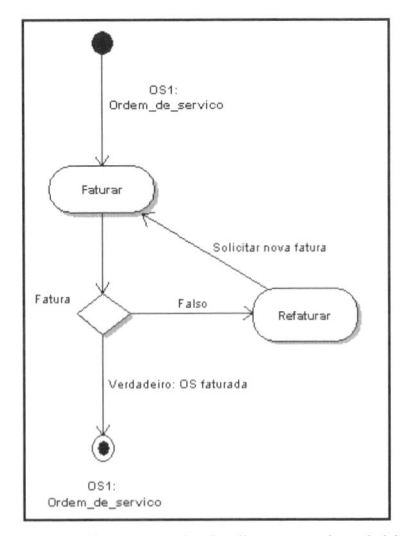

Figura 8.27: Um exemplo de diagrama de atividades.

Diagrama de interação geral

Em algumas situações, somente com o diagrama de atividades ficará difícil entender alguns detalhes no sistema, os quais não são apresentados por este diagrama. O diagrama de interação geral permite uma visão geral de uma atividade específica do sistema.

Ele é uma variação do diagrama de atividades. Assim, podemos dizer que o diagrama de atividades é base para o diagrama de interação geral, o qual apresenta detalhes que o diagrama de Atividades não apresenta.

A **Figura 8.28** apresenta um exemplo deste diagrama:

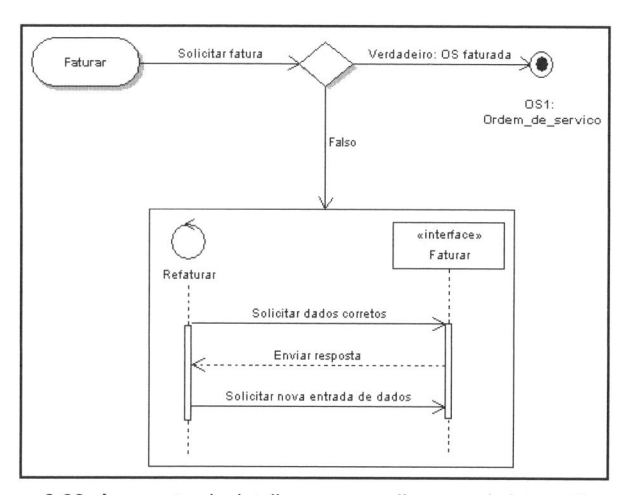

Figura 8.28: Apresentando detalhes com um diagrama de interação geral.

Diagrama de componentes

Este diagrama está ligado à arquitetura lógica do sistema. Ele representa o sistema em uma arquitetura de componentes, definindo sua estrutura que será de acordo com a plataforma adotada no projeto. A **Figura 8.29** apresenta um diagrama de componentes em uma arquitetura em 3 Camadas:

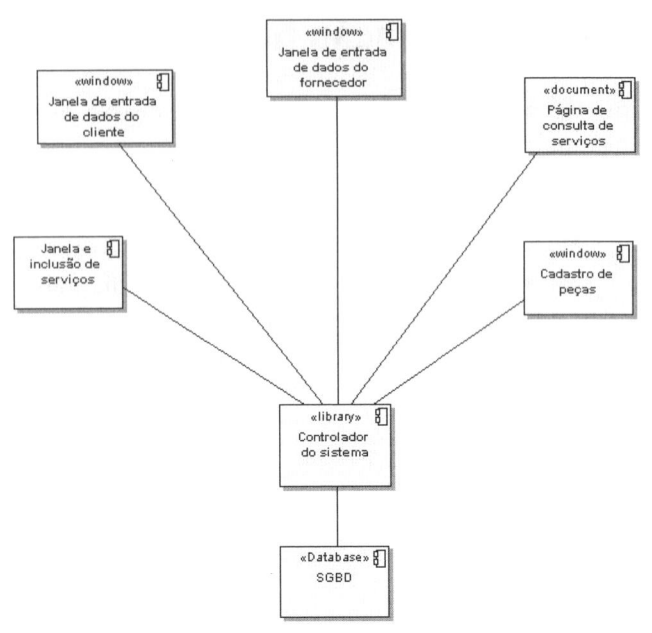

Figura 8.29: Diagrama de componentes do sistema.

Diagrama de implantação

Este diagrama representa a arquitetura física do sistema, envolvendo hardware e rede. Este diagrama apresentará os dispositivos envolvidos no projeto, chamados de *nós*.

O diagrama de implantação possui uma linha que associa e define o meio de comunicação entre os *nós* do sistema. No exemplo da **Figura 8.30**, o meio de comunicação entre os *nós* é o protocolo TCP/IP:

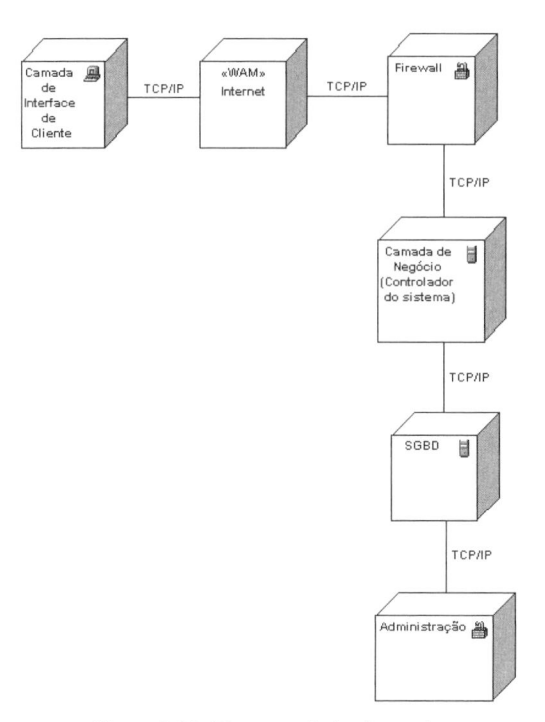

Figura 8.30: Diagrama de implantação.

Diagrama de pacotes

Determina os pacotes do sistema. Os pacotes representam um conjunto de classes que serão distribuídas de acordo com a estrutura do sistema.

Veja, na **Figura 8.31**, um diagrama de pacotes que representa um sistema em 3 Camadas, no qual cada pacote poderá estar em servidores diferentes ou, até mesmo, em computadores pessoais.

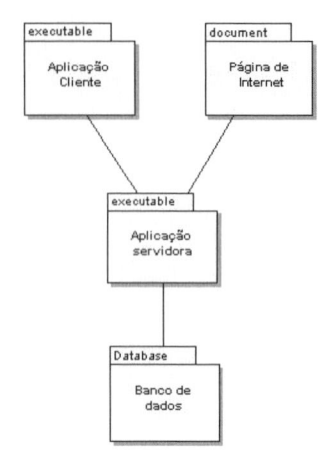

Figura 8.31: Diagrama de pacotes do sistema.

Capítulo 9

Arquiteturas de software

Segundo os variados recursos computacionais que temos disponíveis atualmente, necessitamos cada vez mais de padrões de arquitetura de software. Mas por que padrões? Não só na computação, mas em todas as áreas tecnológicas, os padrões são essenciais para garantir uma série de benefícios, como:
- portabilidade;
- interoperabilidade;
- reusabilidade;
- manutenabilidade.

Todos estes conceitos não serão aplicáveis na prática sem o uso de padrões de arquitetura. Existem vários padrões de arquitetura de software – são tantos que é simplesmente inviável a abordagem de cada um deles, até porque a cada dia novos padrões estão surgindo, o que nos impossibilitaria de abordar todos aqui. Vamos, contudo, analisar as características comuns que nos possibilitam pensar em algo como um padrão de arquitetura de software. No final deste capítulo, abordaremos os padrões mais conhecidos em nosso mercado de software.

Os padrões de arquitetura de software são criados para permitir um desenvolvimento de software sob diretrizes preestabelecidas. Trabalhar utilizando conceitos de estruturas de elementos já estudados e fortemente testados nos permite maior segurança e controle no desenvolvimento do software.

Utilizar arquitetura de software nos permite maior controle por parte dos desenvolvedores, pois estes, antes de integrar ao projeto, já estarão familiarizados com a sua estrutura e composição. Isto facilitará muito a integração de equipe no projeto.

Padrões de arquitetura são criados com base em vários fatores. Vejamos quais são estes fatores:
- hardware;
- arquiteturas computacionais;
- sistema operacional;
- linguagem de programação;
- protocolos de comunicação;
- bancos de dados.

Todos esses fatores devem ser levados em conta na hora de se criar um padrão de arquitetura de software. Um padrão de arquitetura busca oferecer uma estrutura ideal para o desenvolvimento de software, para cada um dos fatores aqui citados.

Os sistemas atuais são distribuídos em computadores remotos. Ao desenvolver este tipo de sistema, devemos manter seu acoplamento e funcionamento, buscando sempre a qualidade e segurança destes elementos computacionais. Manter um software em um único computador não é mais viável e muito menos útil para as necessidades computacionais que enfrentamos hoje.

Estamos em uma época em que os grandes computadores foram substituídos pelas grandes redes de pequenos computadores. Estas grandes redes de pequenos computadores fortemente acoplados oferecem um poder altíssimo no que tange aos recursos computacionais, entre eles memória, processamento e velocidade de comunicação. A tendência é que os sistemas estejam cada vez mais distribuídos, fato que é levado em conta pelos atuais padrões de arquitetura.

Os padrões de arquitetura de software são variados, podendo existir em nível de sistema operacional, comunicação, hardware e desenvolvimento de aplicações. Atualmente são muitos os padrões de arquitetura de software, mas em cada mercado existe um ou outro mais conhecido e mais utilizado pelas fábricas de software. Neste caso, focaremos nos padrões mais utilizados na indústria de software.

A seguir, vamos ver os padrões de arquitetura e desenvolvimento de software mais conhecidos do mercado.

3 Camadas

A arquitetura chamada *3 Camadas* é a mais utilizada atualmente no desenvolvimento de software. Ela representa uma evolução da arquitetura cliente-servidor, pois nela a camada de negócio fica separada da camada cliente e da camada servidora.

Em uma arquitetura cliente-servidor, há rotinas de negócio ou na camada cliente ou na camada servidor, e isso traz problemas sérios ao sistema como, por exemplo:

- **Rotinas de negócio do lado da aplicação cliente**: quando era necessário modificar alguma regra de negócio, todo o software deveria ser compilado novamente, acarretando maior tempo de sistema off-line. A segurança do sistema fica comprometida com regras do lado da aplicação cliente.

- **Rotinas de negócio do lado do servidor**: aqui sim os problemas eram maiores, e pelos seguintes motivos:
  - a criação de novas regras na camada de dados possibilitava surpresas à equipe de desenvolvimento da camada cliente, como erros grotescos na execução do sistema. Este é um problema de comunicação e controle, mas ele existe! Uma arquitetura de software que evite a possibilidade deste problema pode ser considerada como superior a suas "concorrentes";
  - dependendo do tamanho do software, a mudança de banco de dados é problemática, pois com tantas rotinas no banco de dados, seria muito mais difícil tal mudança;
  - bancos de dados carregados de rotinas são bem mais pesados! É muito melhor deixar grandes processamentos em locais específicos e não sob os cuidados da base de dados que é acessada constantemente por todos os usuários do sistema!

Com a arquitetura em 3 Camadas, estes problemas foram eliminados, pois a regra de negócio passou a ficar em uma camada distinta das camadas cliente-servidor, deixando, assim, uma camada cliente mais leve e independente e uma camada de dados também mais leve e independente!

A arquitetura em 3 Camadas também possibilitou o desenvolvimento de sistemas em componentes distribuídos. Com isso, quando uma camada de controle implementa um novo recurso à aplicação, a camada cliente deverá ter seu conhecimento para utilizar os novos recursos implementados. Assim, fica fácil implantar um recurso e solicitar a camada de aplicação o seu uso correto, eliminando futuros erros na aplicação.

A arquitetura em 3 Camadas é atualmente a mais utilizada e base para outras arquiteturas de software.

CORBA

O CORBA ou *Common Object Request Broker Architecture* foi desenvolvido pela OMG (*Object Manager Group*), uma organização internacional que aprova padrões abertos para aplicações orientadas a objetos. Esse grupo define também a OMA (*Object Management Architecture*), um modelo-padrão de objeto para ambientes distribuídos. O *Object Management Group* foi fundado em 1989.

O padrão CORBA é utilizado para gerenciar objetos distribuídos. Tem os seguintes componentes:
- **Núcleo**: manipula as requisições dos objetos. O núcleo fica entre a parte cliente e a parte servidora da aplicação.
- **Serviços**: define os serviços que gerenciarão os objetos. Entre estes serviços, podemos citar: nomes, eventos, persistências etc.
- **Interfaces e Objetos de Aplicação**: definem interfaces e objetos de aplicação do lado do cliente. Estes objetos manipulam dados e gravação.

Para mais informações sobre o CORBA, acesse o site da OMG (http://www.omg.org).

O padrão CORBA é muito utilizado no ambiente de desenvolvimento de software, mas também existe um outro padrão que está, cada vez mais, garantindo seu espaço no ambiente de desenvolvimento. É o padrão MVC.

MVC

O MVC ou *Model-View-Controller* é um padrão de arquitetura de software que permite a separação entre partes fundamentais de um sistema, com uma arquitetura em 3 Camadas. Ele é um padrão muito utilizado em fábricas de software, pois permite uma separação das tarefas, possibilitando, assim, que um software complexo seja desenvolvido rapidamente e de forma muito objetiva.

Vejamos então quais são as características de cada camada do MVC:
- **Model**: camada de modelos persistentes do sistema. Tratando-se de um sistema de banco de dados, esta camada representará os dados do sistema, porque o *Model* representa as informações em que o sistema opera. Esta camada representa as informações que são os objetivos e base funcional e operacional do sistema. Em outras palavras, qualquer sistema na arquitetura MVC trabalhará funcionalmente para manter um camada *Model*, independentemente da forma como isso será realizado.
- **View**: visão do sistema. Esta camada está na parte cliente, e é responsável em apresentar os dados armazenados na camada *Model* ao usuário do sistema.

- **Controller:** como o próprio nome diz, é o controlador do sistema. Esta camada interpretará as ações efetuadas pelo usuário e realizará tarefas de acordo com cada evento ocorrido no sistema. A camada de controle fica entre as outras duas camadas, interagindo com o usuário e solicitando operações da camada *Model*.

Abordamos as arquiteturas CORBA e MVC por serem modelos de arquitetura de software muito utilizados no cenário atual de desenvolvimento, mas não somente por isso. Estas arquiteturas possuem componentes distribuídos muito úteis às atuais necessidades de desenvolvimento de softwares.

Na terceira parte deste livro, será apresentado um modelo de software, baseado em uma arquitetura em 3 Camadas.

Capítulo 10

Solicitação do sistema

A primeira atividade no desenvolvimento de um software é a solicitação do sistema. Essa é a primeira fase do processo do método MIDDS, pois é nesta fase que o cliente fará o pedido de serviço de desenvolvimento de software, em uma fábrica de software.

Quando um cliente necessita de um software, primeiramente ele possui um caso e necessita da implantação de um sistema para resolver suas necessidades. Este pode ser encontrado no mercado, mas há vários casos em que um software já existente não atende totalmente às necessidades atuais da empresa e esta, então, procurará uma fábrica de software para resolver seu problema.

Há um outro caso que há a necessidade de registro da solicitação do cliente: sistemas on-line. Esse tipo de software, por ser muito específico, normalmente deve ser desenvolvido exclusivamente para a empresa solicitante.

Desenvolver um software a uma empresa significa começar com reuniões para adquirir o máximo de informações não técnicas para o desenvolvimento de software. Essas informações não técnicas, normalmente fornecidas pelo futuro proprietário do sistema, serão transformadas em informações técnicas pela equipe de análise e projeto.

Uma empresa que envia uma solicitação de desenvolvimento de software, normalmente, o faz por telefone. Neste momento, deverá ser feito um agendamento para uma futura visita pela equipe de análise e projeto. A equipe de analistas deve ser composta por profissionais competentes, que conhecem a área em questão, pois é na fase de solicitação que o analista transformará informações fornecidas pelo usuário em documentação técnica do sistema, que serão utilizadas em fases posteriores do processo.

A partir deste capítulo criaremos um modelo de software hipotético, onde estudaremos um caso e desenvolveremos a análise e projeto do sistema, utilizando os conceitos de orientação a objetos, UML e padrões de arquitetura de software. Ilustraremos a progressão em tempo (dias) deste projeto. Para cada projeto, contudo, existe um tempo único e específico. Por isso, apresentaremos os dias em que os diagramas serão criados meramente para ilustrar uma sugestão em tempo para cada fase do projeto, lembrando que para cada projeto existe uma realidade de tempo específica e ela deve ser atendida.

Em nosso caso hipotético, vamos considerar que efetuamos reuniões no cliente e conseguimos adquirir as seguintes informações sobre o sistema que está sendo solicitado:

1º dia
- O cliente solicitou um sistema on-line.
- A empresa do cliente é uma oficina mecânica e faz agendamento de serviços por telefone. A empresa quer fornecer serviços de agendamento via Internet.
- O cliente já possui página de Internet e quer implementar mais este recurso na página.

Quando efetuamos uma reunião com o cliente, inicialmente não se tem muitas informações técnicas do sistema, apenas necessidades de usuário. Realmente isto não poderia ser diferente, pois a solução deve ser apresentada pela equipe de analistas, pois são eles as pessoas preparadas tecnicamente para fornecer tal solução.

Com base nas informações adquiridas junto ao cliente, podemos chegar às seguintes conclusões:
- por ser um sistema atual e de Internet, é viável que se use uma arquitetura em 3 Camadas. Esta arquitetura é a mais adequada a qualquer sistema ERP;
- como precisamos criar um sistema de agendamento, é natural que este sistema tenha uma classe *agendamento*. Esta classe é a base utilizada na persistência dos agendamentos que serão efetuados pelos usuários do sistema;
- o agendamento será de serviços, então necessitamos de uma classe de *serviço*;
- para agendar um serviço, necessitamos persistir também o cliente que está fazendo o agendamento no sistema. Então vamos precisar de uma classe de *cliente*;
- cada um dos agendamentos efetuados deverá possuir um horário para o serviço agendado! Mas como este horário de serviço é definido pela empresa e não pode ser digitado aleatoriamente pelo usuário do sistema, vamos necessitar então de uma classe de *horário*. Esta classe permitirá a persistência dos horários válidos do sistema a serem escolhidos pelo usuário do software, os quais deverão ser definidos pelo administrador do sistema;
- o usuário do sistema deve efetuar um log in para garantir o controle dos agendamentos. Então vamos necessitar de uma rotina de criptografia de dados para criptografar os caracteres de senha dos usuários, caracteres estes que poderão ser gravados na tabela de cliente;

- por se tratar de um sistema on-line, devemos implementar uma rotina de controle de inserção de dados, para não permitir a inclusão de scripts indesejados nos formulários do sistema, normalmente inseridos por usuários maliciosos que navegam pela Internet. Isto garantirá uma maior segurança no sistema e no servidor da aplicação.

Temos dados suficientes para começar a trabalhar em nosso sistema! Veja os dados técnicos adquiridos e que serão utilizados em nossa análise e projeto do sistema:
- O sistema será em 3 Camadas.
- Teremos as seguintes classes:
    - `agendamento`;
    - `servico`;
    - `cliente`;
    - `horario`.
- Teremos as seguintes rotinas no sistema:
    - agendamento;
    - controle de inserção de dados;
    - manutenção de horário pelo administrador do sistema;
    - manutenção de serviço pelo administrador do sistema;
    - login de usuários;
    - criptografia de dados (para senha de usuários);
    - cadastro de cliente (autocadastro de usuários).

Com estes dados, podemos passar para a fase de análise de requisitos do MIDDS.

Capítulo 11

Analisando os requisitos

Na fase de análise de requisitos, utilizaremos a UML para construir nosso caso de uso. Um caso de uso é o diagrama que permitirá uma visão dos requisitos funcionais do sistema, de forma rápida e objetiva.

2º dia

Com base nos dados adquiridos na fase de solicitação, podemos facilmente montar nosso diagrama de caso de uso. Veja como fica na **Figura 11.1**:

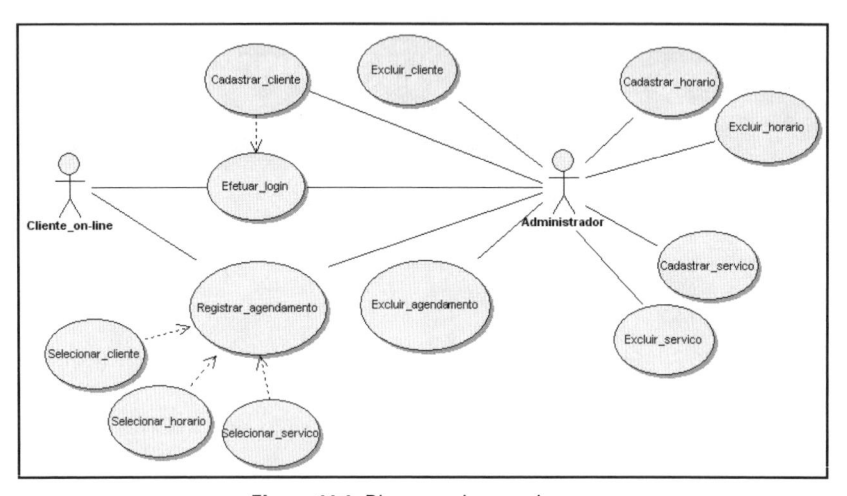

Figura 11.1: Diagrama de caso de uso.

Como podemos observar no diagrama, o sistema possui dois tipos de usuários: Cliente _ on-line e Administrador. O administrador do sistema efetuará o log in no sistema como um usuário comum, mas ele será o usuário *root* do sistema e terá privilégios exclusivos. Os privilégios no sistema para ele são listados a seguir:

- acesso às rotinas de manutenção de clientes;
- acesso às rotinas de manutenção de serviços;
- acesso às rotinas de manutenção de horários;
- acesso às rotinas de manutenção de agendamento.

Em sistemas complexos, as funções são inúmeras, mas no modelo que criaremos, por questões didáticas, vamos nos limitar às funções de inclusão e exclusão de registros no banco de dados do sistema, visto que outras operações como, por exemplo, alteração e localização de registros, ou uma classe para fazer tudo isso em uma só janela, poderão ser criadas em um modelo mais complexo, após entender bem as funções que serão abordadas neste modelo. Será útil trabalhar primeiro em um modelo simplificado, para só depois entender as necessidades para um modelo mais complexo.

Por questões de segurança, um usuário *root* somente poderá ser incluído no sistema pela equipe de desenvolvimento, pois não estarão disponíveis rotinas para inclusão de usuários do tipo Administrador. Isto permitirá uma maior segurança no software, pois trata-se de um sistema on-line e, neste caso, todo cuidado é pouco!

Em uma linguagem popular, digamos que um usuário *root* neste sistema "venha de fábrica!" Sua manutenção será feita diretamente na camada de dados por um profissional especializado e com posse legal da senha do SGBD, ou seja, um membro da equipe de desenvolvimento. É importante lembrar que uma vez logado como usuário *root* no sistema, o software autorizará normalmente a mudança da senha do administrador, permitindo, assim, exclusividade de acesso aos proprietários do sistema.

Analisando nosso diagrama, podemos verificar também que o usuário *root* é capaz de efetuar operações de cadastro de cliente, horário e serviço, além de efetuar log in no sistema e registrar agendamento normalmente.

Como podemos observar, este software ainda tem poucas funcionalidades. Esta é uma das características de um desenvolvimento ágil de software, pois nosso software está na sua primeira versão, ou seja, é a primeira iteração do processo, onde temos as primeiras e principais funcionalidades do sistema. Até agora, ainda estamos no segundo dia de trabalho analisando os requisitos, enquanto no primeiro dia adquirimos do cliente as informações necessárias para esta análise!

Agora com estes requisitos prontos, já sabemos quais devem ser as funcionalidades iniciais do sistema. Este é o momento para definir a arquitetura e a linguagem a ser adotada no software.

Podemos, então, passar para a próxima fase do MIDDS.

Capítulo 12

Elaborando o projeto do software

Esta é a maior fase do processo. Ainda no segundo dia de trabalho, vamos elaborar os diagramas de projeto do sistema. A UML nos permite criar quantos diagramas forem necessários, pois podemos criar modelos simples usando apenas os principais diagramas da UML. Aqui, criaremos todos os diagramas, pois nosso sistema está sendo desenvolvido em um método rápido de desenvolvimento e está em sua primeira versão, o que nos permite criar todos os diagramas gastando pouco tempo.

Desenvolver softwares em um método rápido de desenvolvimento de software, como o MIDDS, permite que criemos todos os diagramas da UML de forma rápida, gastando para isso apenas alguns dias de trabalho. A vantagem de se trabalhar em iterações está no fato de poder elaborar sempre os diagramas da fase de requisitos e projeto de software antes de levar um protótipo ao cliente, poupando, assim, o cliente destes termos técnicos, além de levar até ele os protótipos do sistema após poucos dias de trabalho.

Para que não fiquem dúvidas sobre iterações de processos, visto que estaremos falando nesse termo muitas vezes, vamos revisar as características de uma iteração em um processo rápido de desenvolvimento de software.

Uma iteração funciona como um ciclo em um processo de desenvolvimento de software. Um processo de desenvolvimento de software iterativo não foca o desenvolvimento a todo o projeto de uma só vez, mas ele vai desenvolvendo a cada ciclo as funcionalidades principais do sistema. Cada ciclo é uma iteração e, em cada ciclo, devemos realizar todas as fases do processo, desde a solicitação até a implantação. Em cada iteração, nasce uma nova versão do software.

Agora que já revisamos as características de uma iteração, podemos iniciar a nova fase na primeira iteração do processo do método MIDDS: a fase de projeto do sistema.

Ainda no segundo dia de trabalho, já estamos na fase de projeto do software. Nesta fase, elaboraremos os diagramas da UML destinados ao projeto. Como já temos nossa análise de requisitos pronta, a próxima atividade será a elaboração do diagrama de classes!

Já na fase de solicitação do sistema, identificamos nossas classes e agora vamos representá-las em um diagrama de classes. Esse diagrama apresentará as classes do sistema, mas não somente isso: neste momento, já estaremos elaborando o sistema de acordo com a arquitetura adotada.

A arquitetura que adotamos foi a de 3 Camadas, por isso em nosso diagrama de classes teremos, também, as classes de entidade e controle. Nesta fase do projeto, é necessário identificar a arquitetura do software. Confira na **Figura 12.1** como ficou nosso diagrama de classes, de acordo com as informações que adquirimos na solicitação e na análise de requisitos do sistema:

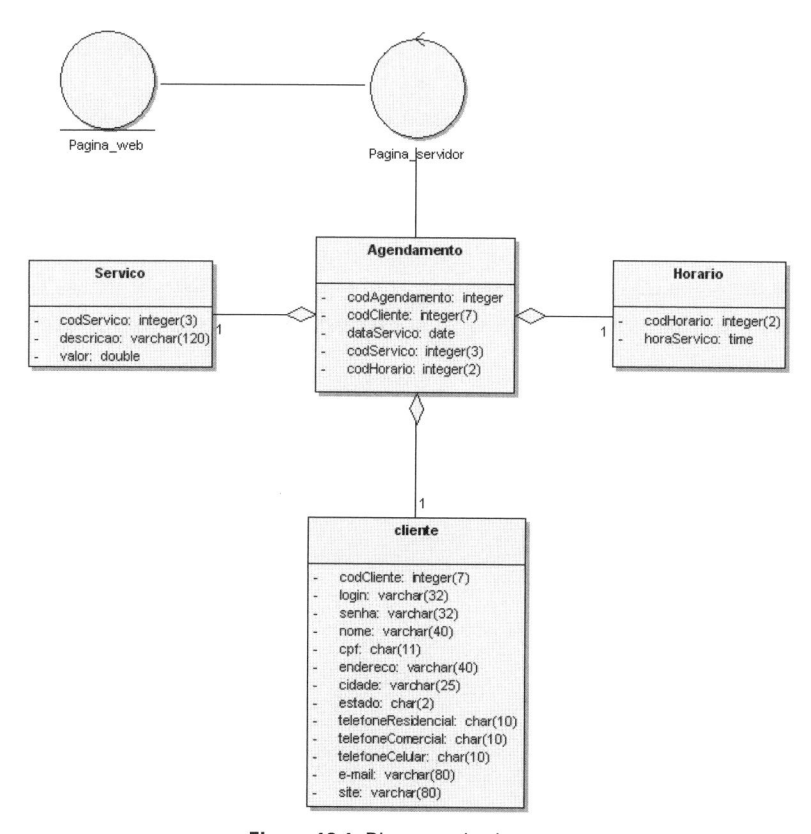

Figura 12.1: Diagrama de classes.

O nosso diagrama de classes possui agora uma classe de entidade e uma classe de controle. Vejamos as características de cada uma:

Elaborando o projeto do software

- **Classe de entidade**: `Pagina _ web`. São classes que possuem informações recebidas ou geradas pelo sistema. Geralmente, possuem muitos objetos e, como podemos observar em nosso diagrama de classes, a página da web é uma classe de entidade, pois ela conterá muitos objetos ativos e com muitas informações geradas pelo sistema e incluídas pelo usuário.
- **Classe de controle**: `Pagina _ servidor`. Uma classe de controle é aquela classe que fica entre a interface e as outras classes do sistema. Ela é responsável por interagir com os eventos de usuário. Nesta classe também podemos ter rotinas que serão utilizadas para controlar tais ações ou eventos de usuário.

O diagrama de classes é um dos mais importantes da UML, pois ele, além de ser base para outros diagramas que serão criados, nos permite ter uma visão da estrutura física do sistema.

O diagrama de classes da **Figura 12.1** ainda não está completo, pois possui somente atributos do sistema. Definir primeiramente os atributos do sistema é melhor para se ter uma noção do que será necessário nas operações que serão posteriormente definidas no diagrama.

Cada classe do sistema possui operações que poderão ser solicitadas em cada objeto desta classe. Estas operações serão definidas no diagrama de classes. Vamos então incluir as operações de cada classe do nosso sistema. Nosso diagrama de classes deve ficar conforme o mostrado na **Figura 12.2**:

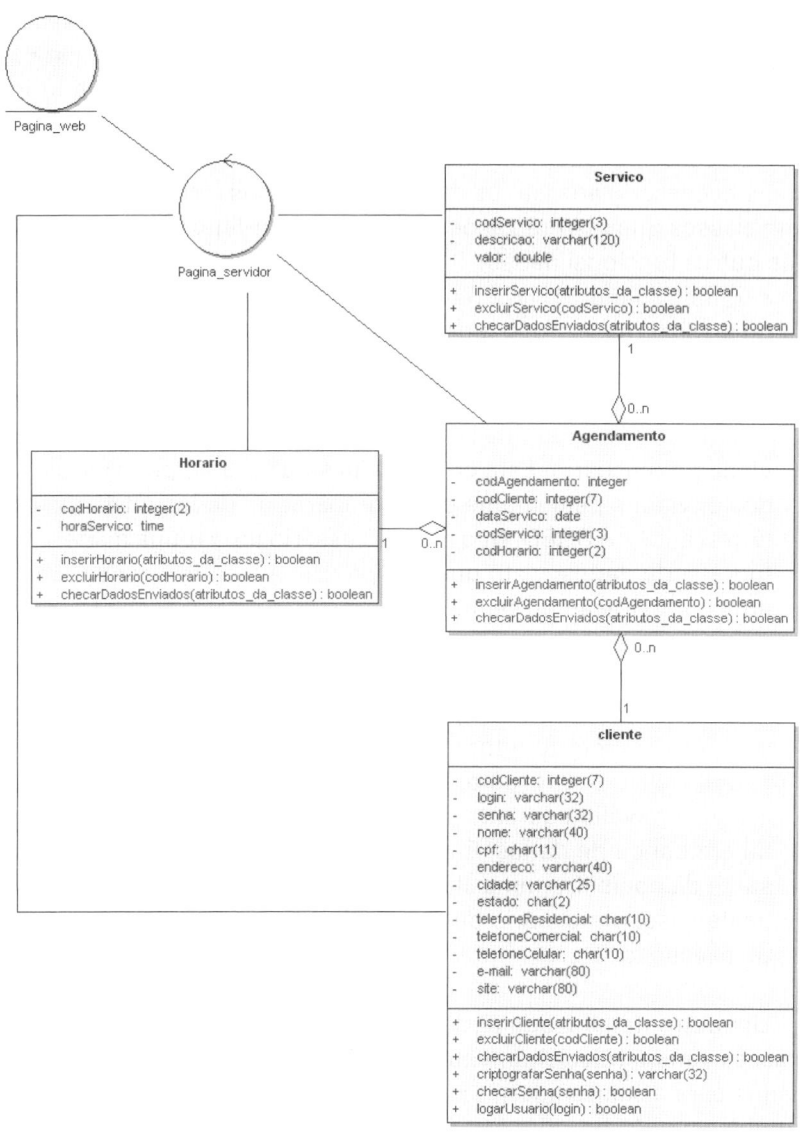

```
                                    Servico
Pagina_web                  - codServico: integer(3)
                            - descricao: varchar(120)
                            - valor: double
         Pagina_servidor
                            + inserirServico(atributos_da_classe) : boolean
                            + excluirServico(codServico) : boolean
                            + checarDadosEnviados(atributos_da_classe) : boolean
                                              1

                                              ◇ 0..n
                                    Agendamento
                            - codAgendamento: integer
           Horario          - codCliente: integer(7)
                            - dataServico: date
 - codHorario: integer(2)   - codServico: integer(3)
 - horaServico: time        - codHorario: integer(2)
                       1 0..n
 + inserirHorario(atributos_da_classe) : boolean
 + excluirHorario(codHorario) : boolean        + inserirAgendamento(atributos_da_classe) : boolean
 + checarDadosEnviados(atributos_da_classe) : boolean + excluirAgendamento(codAgendamento) : boolean
                            + checarDadosEnviados(atributos_da_classe) : boolean

                                              ◇ 0..n
                                              1
                                     cliente
                            - codCliente: integer(7)
                            - login: varchar(32)
                            - senha: varchar(32)
                            - nome: varchar(40)
                            - cpf: char(11)
                            - endereco: varchar(40)
                            - cidade: varchar(25)
                            - estado: char(2)
                            - telefoneResidencial: char(10)
                            - telefoneComercial: char(10)
                            - telefoneCelular: char(10)
                            - e-mail: varchar(80)
                            - site: varchar(80)

                            + inserirCliente(atributos_da_classe) : boolean
                            + excluirCliente(codCliente) : boolean
                            + checarDadosEnviados(atributos_da_classe) : boolean
                            + criptografarSenha(senha) : varchar(32)
                            + checarSenha(senha) : boolean
                            + logarUsuario(login) : boolean
```

Figura 12.2: Diagrama de classes completo.

Agora nosso diagrama de classes está completo. Cada uma das classes possuem as operações básicas de manutenção de dados, que são inserir e excluir, além de outros métodos de controle do sistema.

Os métodos, que definimos no diagrama de classes, possuem parâmetros que podem ser um atributo da classe ou o termo atributos_da_classe, que significa que o método receberá todos os atributos daquela classe!

As classes possuem um método de checagem de dados, isto porque é necessário analisar os dados enviados nos formulários por serem classes que sofrerão ações de usuários on-line. Veja a descrição das outras funcionalidades:

- checarDadosEnviados(): checa os dados enviados pelo usuário do sistema, a procura de códigos maliciosos, como scripts por exemplo, e também checa se os dados enviados estão completos ou não!
- criptografarSenha(): criptografa uma string de senha enviada pelo usuário. Esta criptografia será feita ao persistir os dados enviados pelo cliente e ao comparar os dados enviados aos já gravados no SGBD. Não será necessário uma rotina de descriptografia de dados, visto que a criptografia será realizada durante uma comparação de senha.
- checarSenha(): este método faz uma comparação da senha digitada pelo usuário com a que está no objeto da classe. Este método checa os dados já criptografados. Em caso de senhas idênticas, o método retornará verdadeiro.
- logarUsuario(): autentica o usuário no sistema. Esta autenticação será válida durante a execução do software e não é gravada em banco de dados. Em sistemas mais complexos, é interessante disponibilizar uma classe para registro de log, mas, mesmo neste caso, um usuário deve estar logado no sistema em tempo de execução.

Um outro detalhe que podemos observar em nosso diagrama de classes são os relacionamentos. Os relacionamentos estão direcionados para a classe agendamento, pois esta classe será como uma combinação de horário, serviço e cliente. Cada agendamento terá um único horário, um único serviço e um único cliente. Mas cada horário, serviço ou cliente poderá aparecer em zero ou vários agendamentos.

Ainda permanecemos no segundo dia de trabalho. Agora com o diagrama de classes pronto, o próximo diagrama a ser feito é o diagrama de objetos.

O diagrama de objetos mostrará para toda a equipe de desenvolvimento como cada objeto estará quando inserido no sistema. Este diagrama nos mostra como os dados estarão disponibilizados em cada objeto em execução no software.

Como nossa aplicação está na sua primeira iteração, será fácil exemplificar os objetos do sistema. Quando um software estiver em uma versão mais avançada, o diagrama de objetos, assim como os outros diagramas de análise e projeto, deverão estar mais complexos, por isso é importante manter objetividade nas reais funções do software.

Manter a objetividade nas funções de um software significa criar funcionalidades reais ou as mais simples possíveis, capazes de atender todas as necessidades do usuário. É importante lembrar que uma documentação leve trará benefício à equipe de desenvolvimento, e uma documentação pesada fará exatamente o contrário. A UML permite criar documentação leve ou pesada, decisão esta que dependerá da equipe de desenvolvimento.

Veja na **Figura 12.3** o nosso diagrama de objetos:

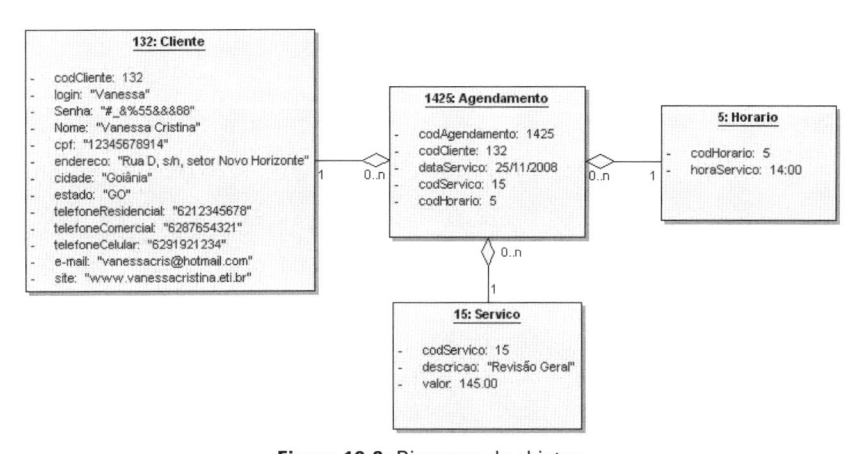

Figura 12.3: Diagrama de objetos.

Agora podemos criar nosso diagrama de estrutura composta. Ele representa detalhes do sistema que não são mostrados por outros diagramas estáticos, como o diagrama de classes, por exemplo.

Um modelo de software precisa representar de forma clara as operações do sistema. O diagrama de estrutura composta permite que operações em tempo de execução sejam facilmente apresentadas. Vamos então criar nossos diagramas de estrutura composta.

Nossos diagramas de estrutura composta apresentarão as operações realizadas em cada uma das colaborações do sistema. Veja as **Figuras 12.4 a 12.7**:

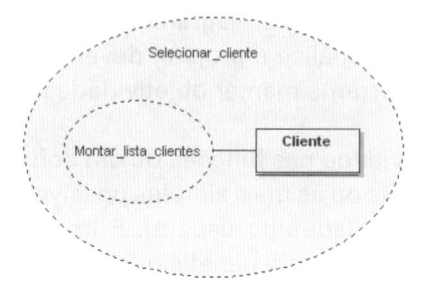

Figura 12.4: Diagrama de estrutura composta – Selecionar _ cliente.

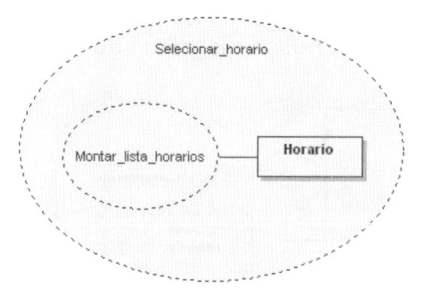

Figura 12.5: Diagrama de estrutura composta – Selecionar _ horario.

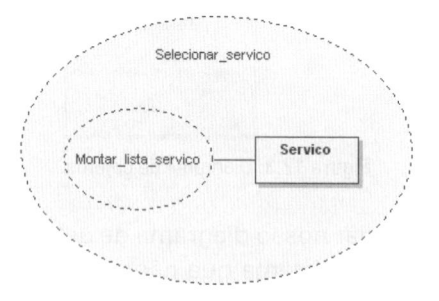

Figura 12.6: Diagrama de estrutura composta – Selecionar _ servico.

Guia Prático de Engenharia de Software

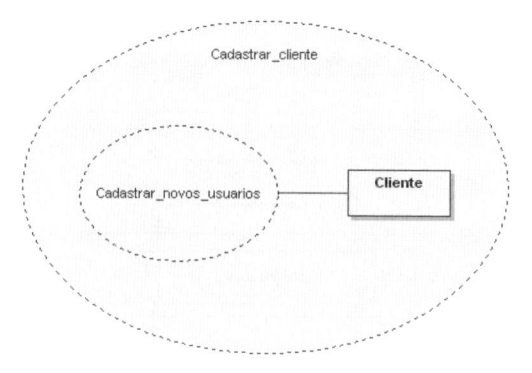

Figura 12.7: Diagrama de estrutura composta – Cadastrar _ cliente.

Nossos diagramas de estrutura composta apresentam colaborações contendo colaborações. Esta é uma boa forma de representar a estrutura interna e funcionamento do software em tempo de execução, além de apresentar com mais detalhes as colaborações e seus relacionamentos com as classes do sistema.

Agora sim, fechamos nosso segundo dia de trabalho! Passamos então para o próximo diagrama, os diagramas de seqüência.

3º dia

Cada evento do sistema deve ser representado em um diagrama de seqüência. Os diagramas de seqüência identificam as ações realizadas pelos objetos em uma ordem de tempo e seqüência. Cada evento terá seu próprio diagrama.

Em nossos diagramas de seqüência, vamos representar os eventos que podem ser realizados pelos usuários. Observe que os atores mudam de diagrama para diagrama, pois há operações que não são permitidas a usuários do sistema on-line: somente o Administrador terá acesso total a todas as operações e eventos do software! Em outras palavras, um usuário on-line, que não seja o Administrador, somente poderá incluir cadastro de cliente e efetuar agendamentos no sistema, nada mais que isso!

Vamos então ao nosso primeiro diagrama de seqüência. A **Figura 12.8** apresenta o diagrama de seqüência do evento de log in do sistema:

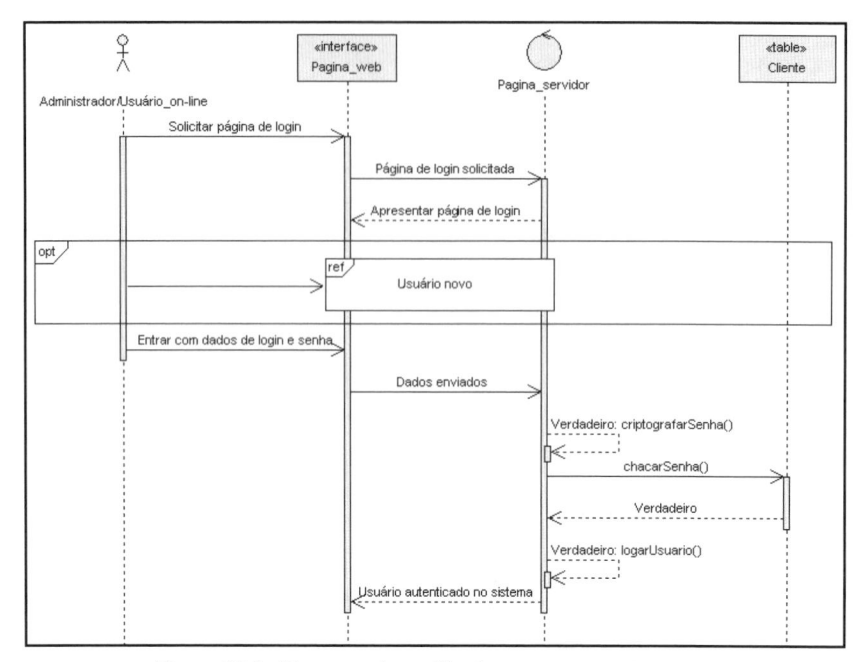

Figura 12.8: Diagrama de seqüência – `logarUsuário()`.

Veja a descrição da troca de mensagens e operações representadas neste diagrama:

1. O usuário solicita ao site uma página para efetuar o log in no sistema.

2. O site retorna uma página de log in ao usuário, que possui uma opção de cadastrar novo usuário ou efetuar o log in com um usuário já cadastrado.

3. O usuário inclui os seus dados de log in e senha.

4. A página de servidor recebe os dados enviados pelo usuário, efetua uma criptografia da senha por meio do método `criptografarSenha()`, checa se a senha está de acordo com os dados em banco de dados pela rotina `checarSenha()` e, por último, efetua o log in do usuário pelo método `logarUsuario()`, caso a senha esteja de acordo com o que está gravado no SGBD.

5. A página de servidor envia uma mensagem para a interface sobre o resultado da operação.

Podemos observar que um diagrama de seqüência é uma ferramenta poderosa na representação de troca de mensagens e operações realizadas por objetos do sistema. A seguir, vamos ao próximos diagramas de seqüência do nosso modelo de software.

A **Figura 12.9** mostra o diagrama que descreve o evento de inclusão de clientes. Observe que também neste diagrama os atores são o `Administrador` do sistema e o `Usuario _ on-line`.

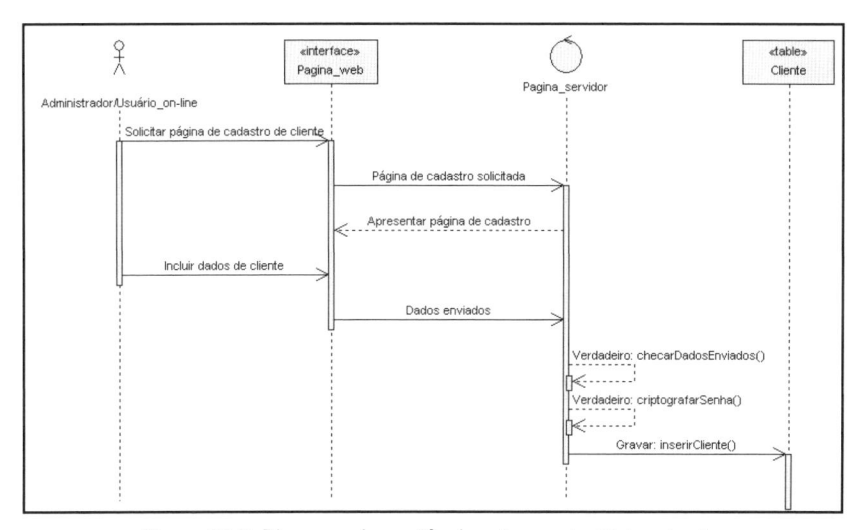

Figura 12.9: Diagrama de seqüência – `inserirCliente()`.

Vamos então descrever as ações e troca de mensagens deste diagrama:

1. O usuário solicita ao site uma página de cadastro de cliente.

2. O site monta uma página de cadastro, com os componentes necessários para a captura de dados digitados pelo usuário, e a disponibiliza ao usuário do sistema.

3. O usuário inclui os seus dados na página de cadastro e os envia para o servidor de aplicação.

4. A página de servidor recebe os dados enviados pelo usuário do sistema, aplica a rotina de controle `checarDadosEnviados()` e, após validar os dados, criptografa a senha de usuário por meio da rotina `criptografarSenha()` e, logo a seguir, grava os dados utilizando o método `inserirCliente()`.

Vamos agora construir um diagrama de seqüência que apresentará o evento de sistema, o qual é exatamente o inverso do que acabamos de apresentar. O diagrama da **Figura 12.10** apresenta o evento de exclusão de clientes. É importante lembrar que esta operação somente é permitida para o `Administrador` do sistema. Veja o ator deste diagrama:

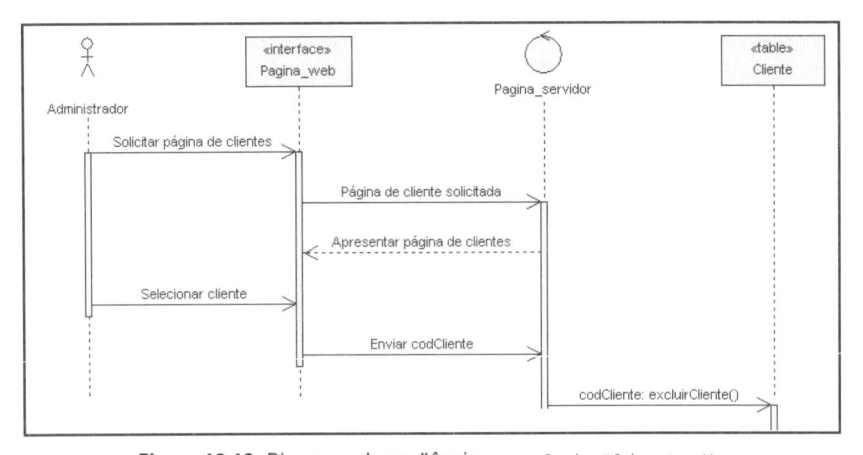

Figura 12.10: Diagrama de seqüência – `excluirCliente()`.

Veja a descrição dos eventos:

1. O usuário `Administrador` solicita ao site uma página que contenha uma lista de clientes do sistema.

2. O site envia ao administrador uma página com uma lista de clientes do sistema. Esta lista deve ser selecionável.

3. O usuário seleciona o cliente a ser excluído e envia sua identificação por meio do atributo `codCliente` à página de servidor.

4. A página de servidor recebe a identificação do cliente e realiza a exclusão deste cliente pelo método `excluirCliente()`.

Já temos, então, as duas operações básicas do sistema representadas em diagramas de seqüência. Basta, agora, construir os outros diagramas, visto que as outras operações são idênticas, pois utilizamos métodos padronizados: assim, podemos construir diagramas também padronizados, bastando, para isso, alterar as classes e alguns detalhes em cada diagrama.

Vamos aos outros diagramas de seqüência da nossa aplicação: o diagrama mostrado na **Figura 12.11** apresenta a inclusão de um novo serviço. Esta operação pode ser efetuada apenas pelo `Administrador`.

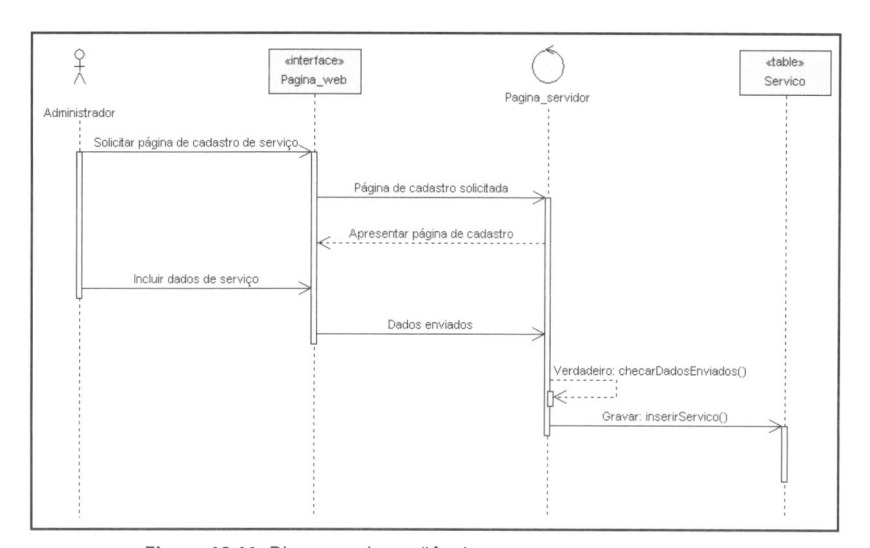

Figura 12.11: Diagrama de seqüência – `inserirServico()`.

Veja agora o diagrama para exclusão de serviço, mostrado na **Figura 12.12**:

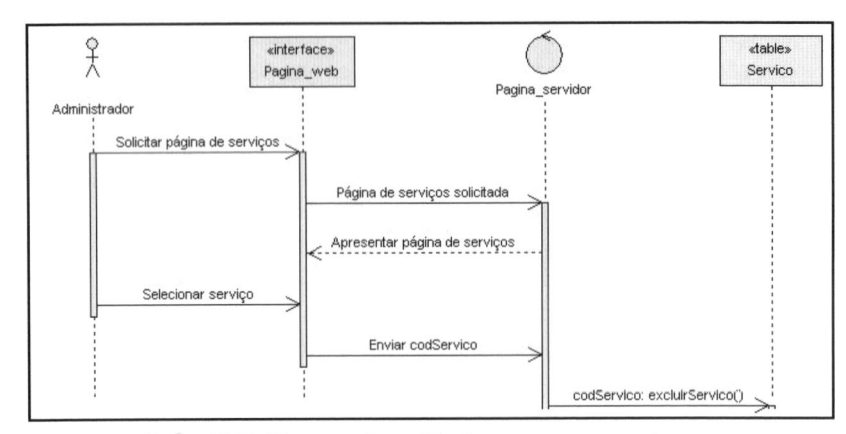

Figura 12.12: Diagrama de seqüência - `excluirServico()`.

O diagrama da **Figura 12.13** representa a inserção de um horário:

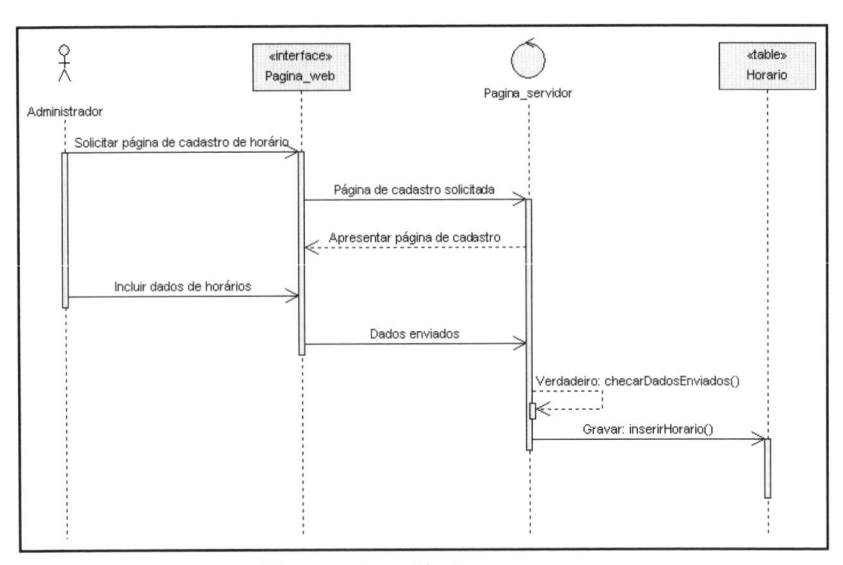

Figura 12.13: Diagrama de seqüência – `inserirHorario()`.

A **Figura 12.14** representa uma exclusão de horário. As operações sobre horários do sistema são permitidas apenas para o Administrador. Um usuário on-line, que não seja o Administrador, não tem permissão para incluir ou excluir horários, pois estes horários são de regime interno da empresa que mantém o software.

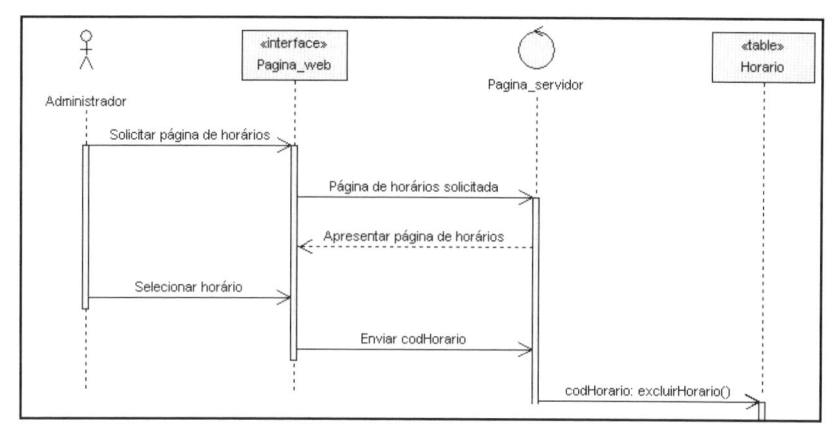

Figura 12.14: Diagrama de seqüência – excluirHorario().

As Figuras **12.15** e **12.16** apresentam os diagramas de seqüência para os eventos do sistema referentes a classe de Agendamento. Observe que somente a operação de inclusão de agendamento é permitida ao usuário on-line comum. Neste caso, um usuário que ainda não está cadastrado no sistema poderá se autocadastrar para, posteriormente, efetuar um agendamento no sistema. Esta atividade será mais bem representada pelo diagrama de atividades:

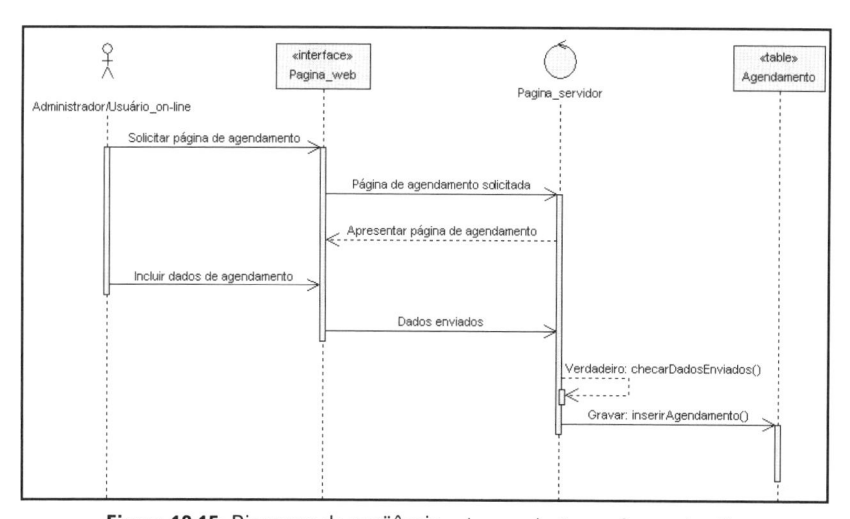

Figura 12.15: Diagrama de seqüência – inserirAgendamento().

Elaborando o projeto do software

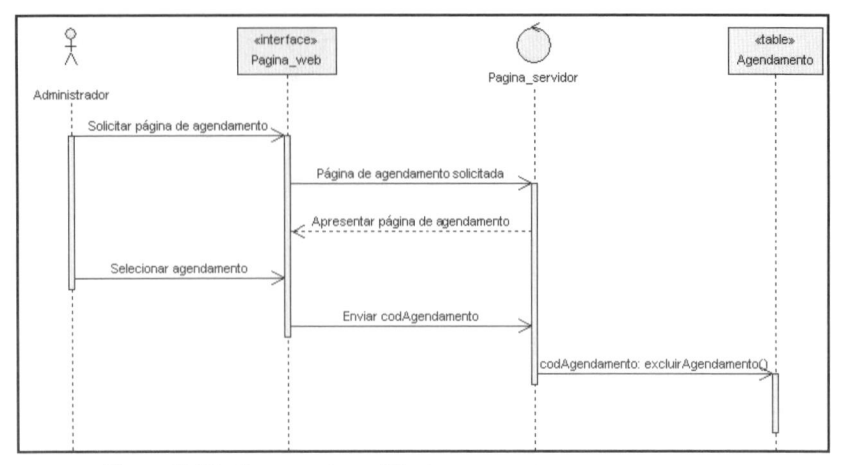

Figura 12.16: Diagrama de seqüência – `excluirAgendamento()`.

Agora já temos os eventos de sistema definidos e apresentados em sua seqüência e ordem de tempo. Mas estamos apenas começando nosso terceiro dia de trabalho.

Existe um outro diagrama da UML que é um complemento do diagrama de seqüência: o diagrama de comunicação. Este diagrama é mais simples e normalmente apresenta as mesmas informações do diagrama de seqüência, mas agora com um foco nas mensagens trocadas entre os objetos da aplicação.

Vamos então criar nossos diagramas de comunicação. Apresentaremos os eventos do sistema e as trocas de mensagens entre os objetos, mas, por hora, sem nos preocupar com a ordem de tempo de cada um.

Temos, então, nosso primeiro diagrama de comunicação. Ele apresenta o evento de log in do sistema. Como podemos ver, este diagrama é um complemento do diagrama de seqüência, pois agora nos preocuparemos em apresentar as mensagens entre os objetos do sistema. Como nosso sistema ainda possui operações simples, as informações contidas nos diagramas de seqüência e de comunicação são praticamente idênticas, havendo mudança em apenas alguns detalhes, mas as informações entre estes dois diagramas podem se modificar, na medida em que o sistema vai ficando mais complexo. Veja **Figura 12.17**:

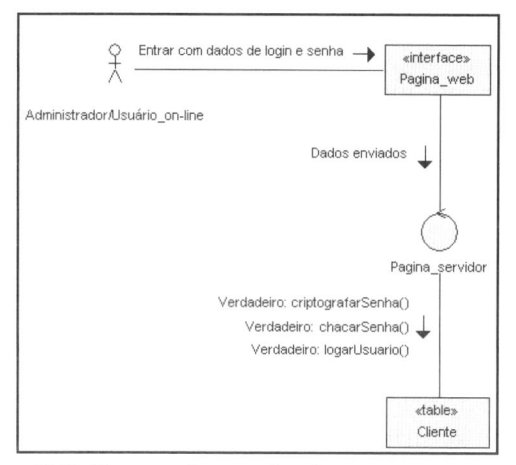

Figura 12.17: Diagrama de comunicação – `logarUsuario()`.

Veja a descrição detalhada deste diagrama:

1. O usuário inclui os seus dados de log in e senha.

2. A página de servidor recebe os dados enviados pelo usuário, efetua uma criptografia da senha por meio do método `criptografarSenha()`, checa se a senha está de acordo com os dados em banco de dados pela rotina `checarSenha()` e, por último, efetua o log in do usuário pelo método `logarUsuario()`, caso a senha esteja de acordo com o que está gravado no SGBD.

A **Figura 12.18** apresenta o evento de inserção de clientes:

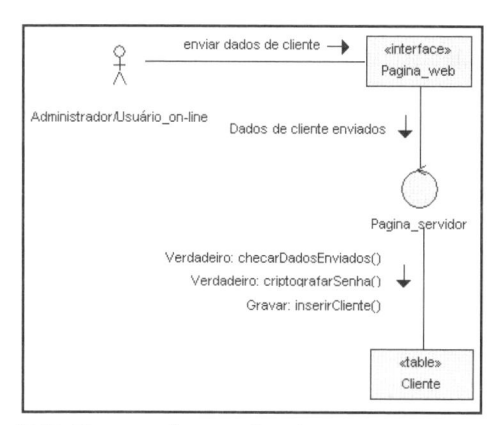

Figura 12.18: Diagrama de comunicação – `inserirCliente()`.

Elaborando o projeto do software

A descrição deste diagrama vem logo a seguir:

1. O usuário, por meio da página de cadastro, envia os seus dados para a página de servidor de aplicação.

2. A página de servidor recebe os dados enviados pelo usuário do sistema, aplica a rotina de controle `checarDadosEnviados()` e, após validar os dados, criptografa a senha de usuário pela rotina `criptografarSenha()` e, logo a seguir, grava os dados utilizando o método `inserirCliente()`.

Como o foco do diagrama de comunicação é a troca de mensagens entre os objetos do sistema, não precisamos nos preocupar com a seqüência temporal do diagrama de seqüência, deixando o diagrama de comunicação bem mais simples! A **Figura 12.19** mostra nosso diagrama de comunicação do evento de sistema `excluirCliente()`.

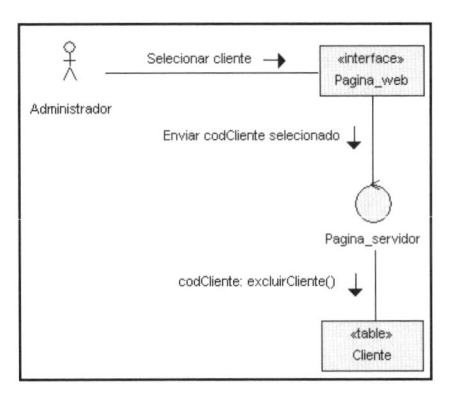

Figura 12.19: Diagrama de comunicação – `excluirCliente()`.

Veja, a seguir, a descrição deste diagrama:
1. O usuário `Administrador` seleciona o cliente a ser excluído e envia sua identificação, por meio do atributo `codCliente`, à página de servidor.

2. A página de servidor recebe a identificação do cliente e realiza a exclusão deste cliente, pelo método `excluirCliente()`.

Vamos então visualizar os outros diagramas de comunicação do nosso modelo de software. A **Figura 12.20** apresenta o diagrama para a operação de inserção de serviço:

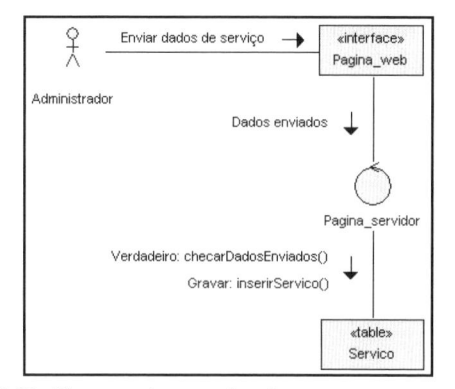

Figura 12.20: Diagrama de comunicação – `inserirServico()`.

Na **Figura 12.21**, apresentamos a operação de exclusão de serviço:

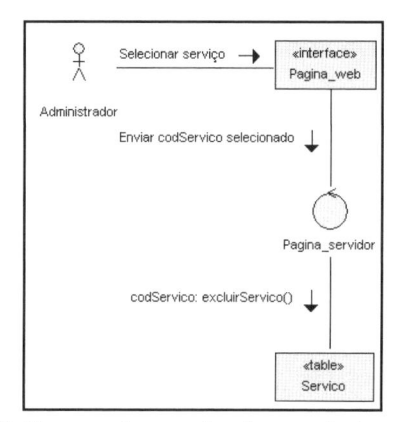

Figura 12.21: Diagrama de comunicação – `excluirServico()`.

A **Figura 12.22** mostra o diagrama de inserção de horário:

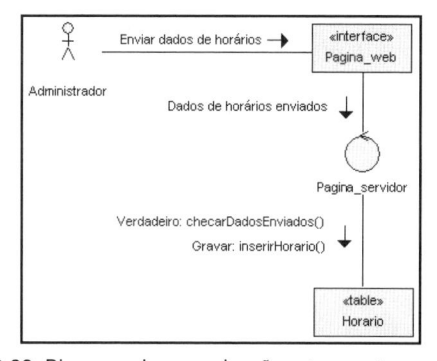

Figura 12.22: Diagrama de comunicação – `inserirHorario()`.

Elaborando o projeto do software

A **Figura 12.23** mostra o diagrama de exclusão de horário:

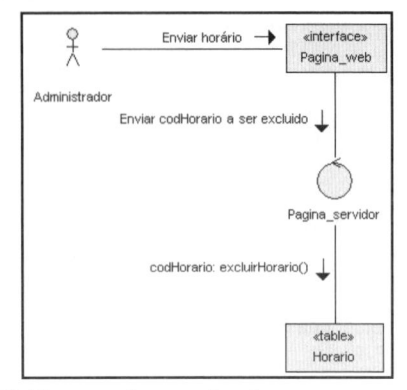

Figura 12.23: Diagrama de comunicação – excluirHorario().

Inserindo agendamento na **Figura 12.24**:

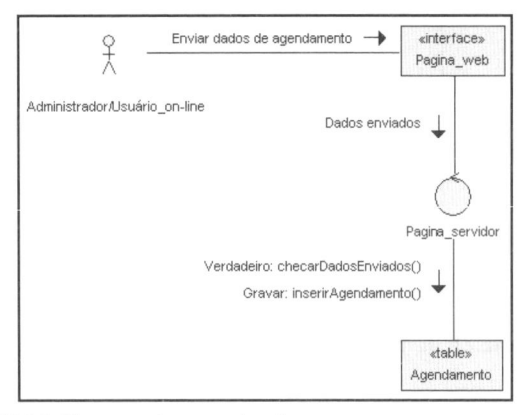

Figura 12.24: Diagrama de comunicação – inserirAgendamento().

E por fim, excluindo agendamento na **Figura 12.25**:

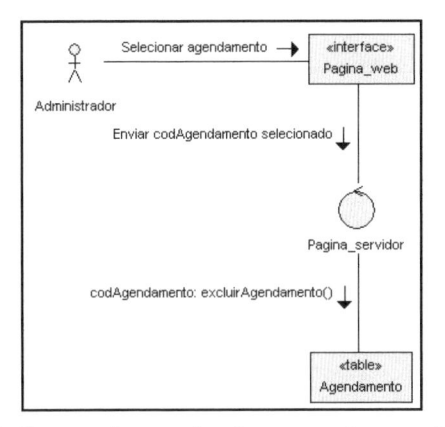

Figura 12.25: Diagrama de comunicação – `excluirAgendamento()`.

A partir deste momento, já podemos ter uma boa noção do que será o nosso software, mas ainda é necessário criar outros diagramas, muito importantes na orientação dos desenvolvedores do sistema.

A função de cada diagrama da UML é apresentar o sistema em uma determinada visão. A análise do software em visões diferentes e variadas permite construir um sistema idêntico ao modelo. Esta meta deve ser perseguida e, para que ela seja atingida, vamos então criar os próximos diagramas que nos permite visualizar outros detalhes do nosso sistema.

Estamos chegando ao fim do nosso terceiro dia de trabalho, mas ainda resta um pouco de tempo para criar mais um diagrama: o diagrama de máquina de estados.

O diagrama de máquina de estados é utilizado para representar o estado de elementos no sistema. Um objeto de sistema pode assumir vários estados durante a execução do software, mas também podemos representar o estado de cada operação.

Vamos então apresentar um evento do sistema que nos permite definir os estados dos objetos: o log in de usuários do sistema.

No diagrama da **Figura 12.26**, o usuário do sistema, que pode ser o Administrador ou um outro usuário on-line, solicitará o log in no sistema. Este usuário poderá entrar na opção de cadastro para efetuar seu cadastro no software, caso ele ainda não exista.

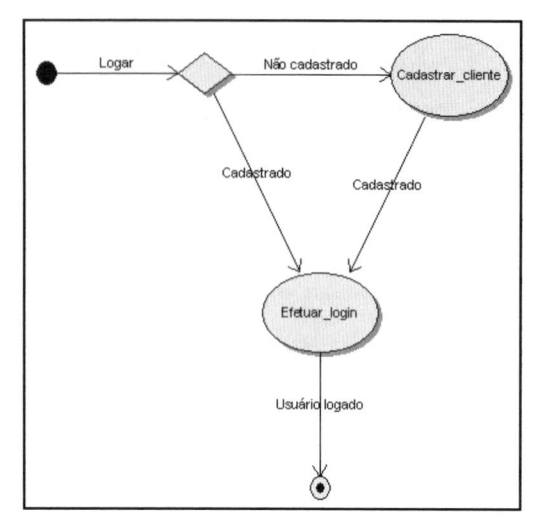

Figura 12.26: Diagrama de máquina de estados.

Após o cadastro de um novo usuário, este usuário poderá efetuar log in no sistema e, então, utilizar os recursos que lhe são permitidos, como por exemplo a inclusão de um agendamento.

Terminamos então, nosso terceiro dia de trabalho! O próximo diagrama a ser construído é o diagrama de atividades.

4º dia

Os diagramas de atividades vão apresentar as operações do sistema, com características mais detalhadas. Este diagrama é muito parecido com o antigo fluxograma, um dos primeiros diagramas utilizados na representação de recursos de software. O nosso primeiro diagrama de atividades está na **Figura 12.27**, que apresenta a atividade de log in no sistema:

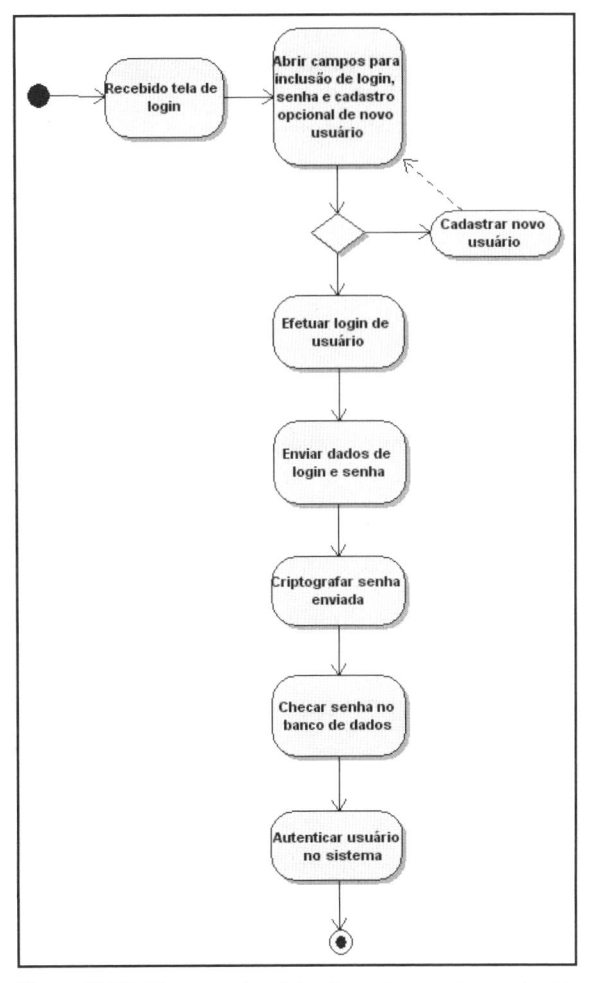

Figura 12.27: Diagrama de atividades – `logarUsuario()`.

O diagrama de atividades nos permite visualizar muitos detalhes no fluxo das operações. Esse diagrama é muito importante para uma visão detalhada de cada atividade no sistema. Vamos aos outros diagramas de atividades do nosso sistema.

O diagrama a seguir, mostrado na **Figura 12.28**, apresenta a atividade de inserção de novos usuários no sistema:

Elaborando o projeto do software

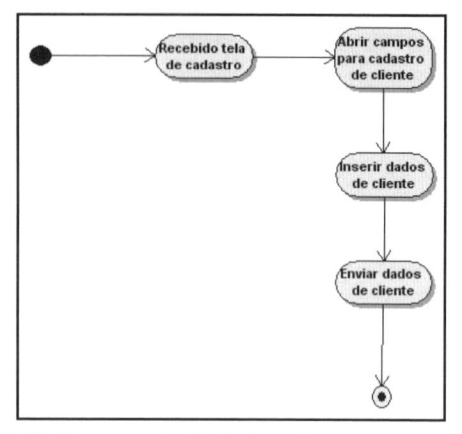

Figura 12.28: Diagrama de atividades – `inserirClientes()`.

Assim como a inclusão de clientes, o software também possui o recurso de exclusão de clientes já cadastrado. Esse recurso no sistema só é permitido para o `Administrador`. Isso ficará mais claro após a construção do diagrama de componentes do sistema, que será visto mais adiante. Veja a **Figura 12.29**:

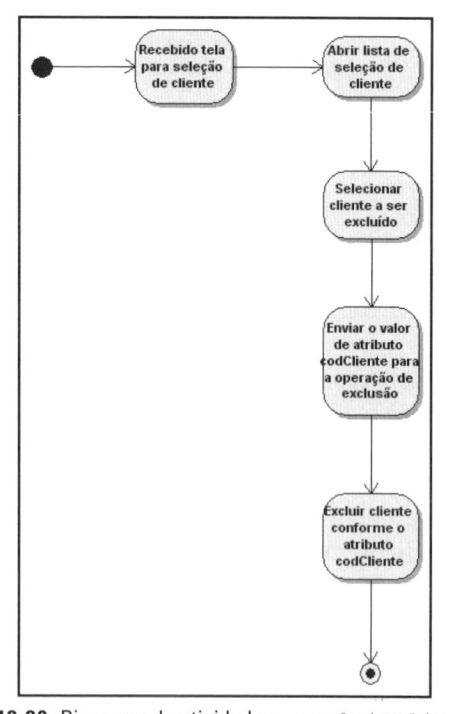

Figura 12.29: Diagrama de atividades – `excluirCliente()`.

Na **Figura 12.30**, temos o diagrama para inclusão de novo serviço no sistema:

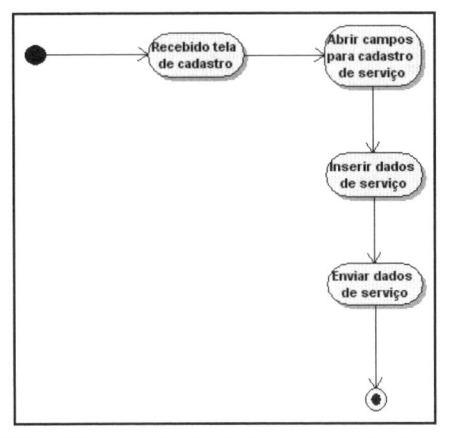

Figura 12.30: Diagrama de atividades – inserirServico().

Excluir serviço já cadastrado no sistema também será permitido para um usuário Administrador. Veja a **Figura 12.31**:

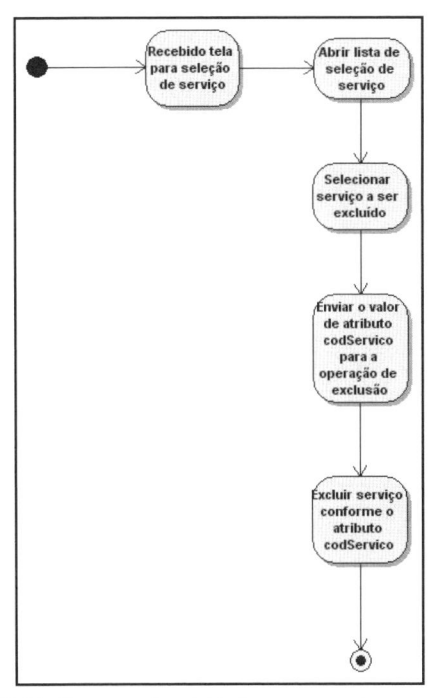

Figura 12.31: Diagrama de atividades – excluirServico().

Elaborando o projeto do software

101

Na **Figura 12.32** temos um diagrama para inserção de horário no sistema. Esse recurso também é permitido apenas para o `Administrador`:

Figura 12.32: Diagrama de atividades – `inserirHorario()`.

A exclusão de horário está na **Figura 12.33**:

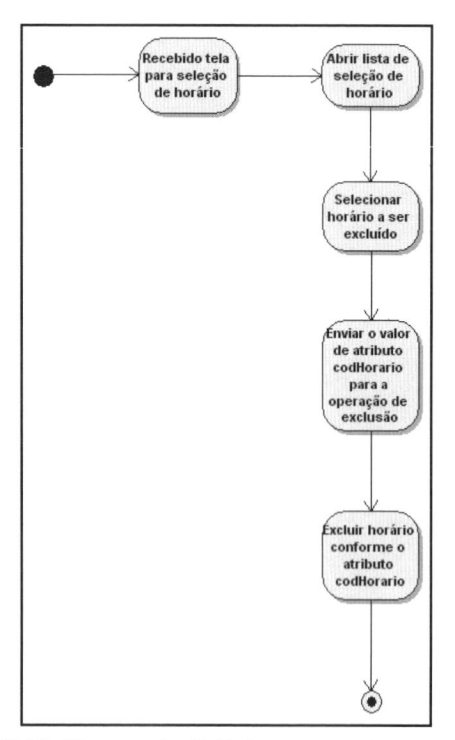

Figura 12.33: Diagrama de atividades – `excluirHorario()`.

Na **Figura 12.34** temos a atividade de inserção de agendamento no sistema. Esta atividade está livre para todos os usuários cadastrados no sistema:

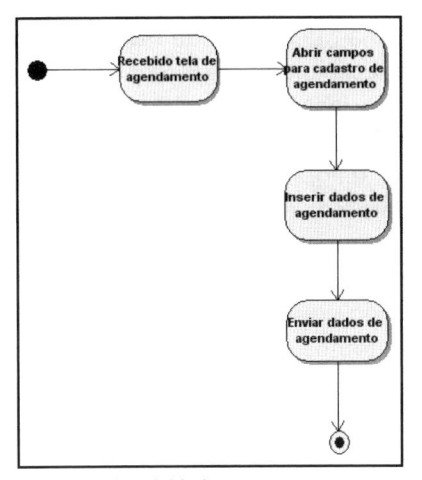

Figura 12.34: Diagrama de atividades – `inserirAgendamento()`.

E por fim, a atividade de exclusão de agendamento. Veja a **Figura 12.35**:

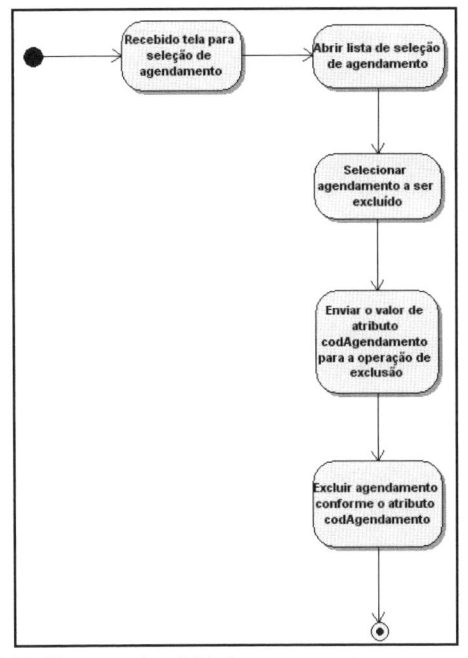

Figura 12.35: Diagrama de atividades – `excluirAgendamento()`.

Elaborando o projeto do software

Concluímos nossos diagramas de atividade. Agora que já temos as operações detalhadas de nosso sistema, já podemos construir nosso diagrama de interação geral.

O diagrama de interação geral permite a representação de ligações ou detalhe do sistema que não pode ser representado pelos outros diagramas da UML. Esse diagrama é muito utilizado para representar a ligação entre as interfaces e os componentes do sistema.

Mas antes de criar nosso diagrama de interação geral, vamos construir mais dois diagramas de seqüência. Esses diagramas de seqüência, que criaremos agora, apresentam as duas interfaces do sistema: a interface do cliente e a do Administrador. Deixamos para construir este diagrama aqui para um melhor entendimento do diagrama de interação geral.

Na **Figura 12.36**, temos a representação da interface do administrador:

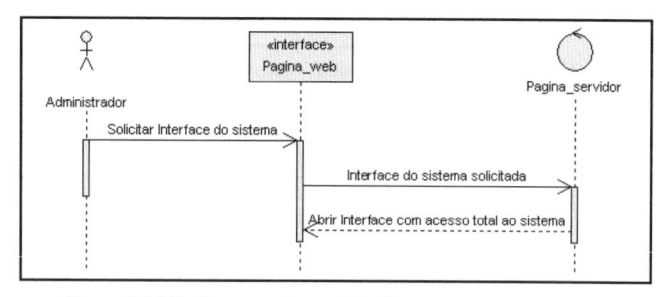

Figura 12.36: Diagrama de seqüência – <<interface>>.

A interface do cliente, ou seja, do Usuário _ on-line, é mostrada na **Figura 12.37**:

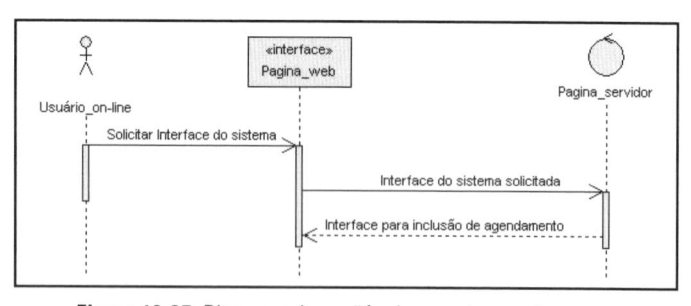

Figura 12.37: Diagrama de seqüência – <<interface>>.

Com as duas interfaces do sistema prontas, podemos construir nosso diagrama de interação geral. Esse diagrama apresenta a "entrada" do sistema. Após efetuar o log in, o software determinará qual interface a ser apresentada ao usuário. Se o log in for de `Administrador`, a <<interface>> do Administrador será enviada pela aplicação, assim como o log in do `Usuario _ on-line` fará com que a interface de cliente seja apresentada.

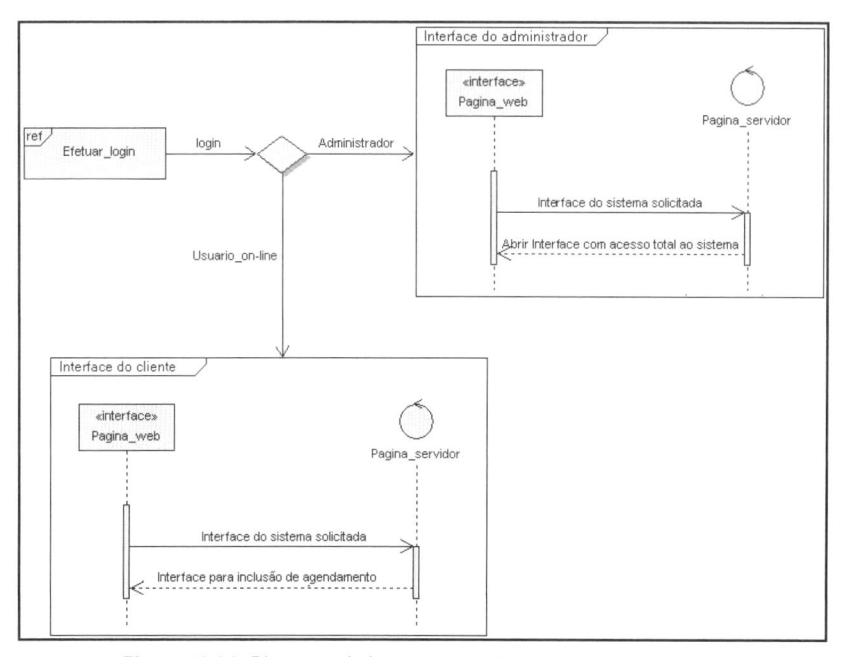

Veja a **Figura 12.38**:

Figura 12.38: Diagrama de interação geral – `Efetuar _ login`.

Vamos construir, a seguir, um diagrama que simplesmente apresentará ao desenvolvedor do projeto quais componentes ele deve criar no sistema.

O diagrama de componentes do sistema, que construiremos agora, nos permite ter uma visão muito interessante do software, pois ele representa o resultado em software, de todo o trabalho de análise e projeto.

O diagrama de componentes possui conectores que representam as interfaces fornecidas e requeridas do sistema e faz a conexão entre os componentes de todo o software. Com esse diagrama, sabemos quais os arquivos executáveis, páginas de script, documentos,

DLL's e bancos de dados são necessários para a composição em código de nosso software.

Confira na **Figura 12.39** o diagrama de componentes:

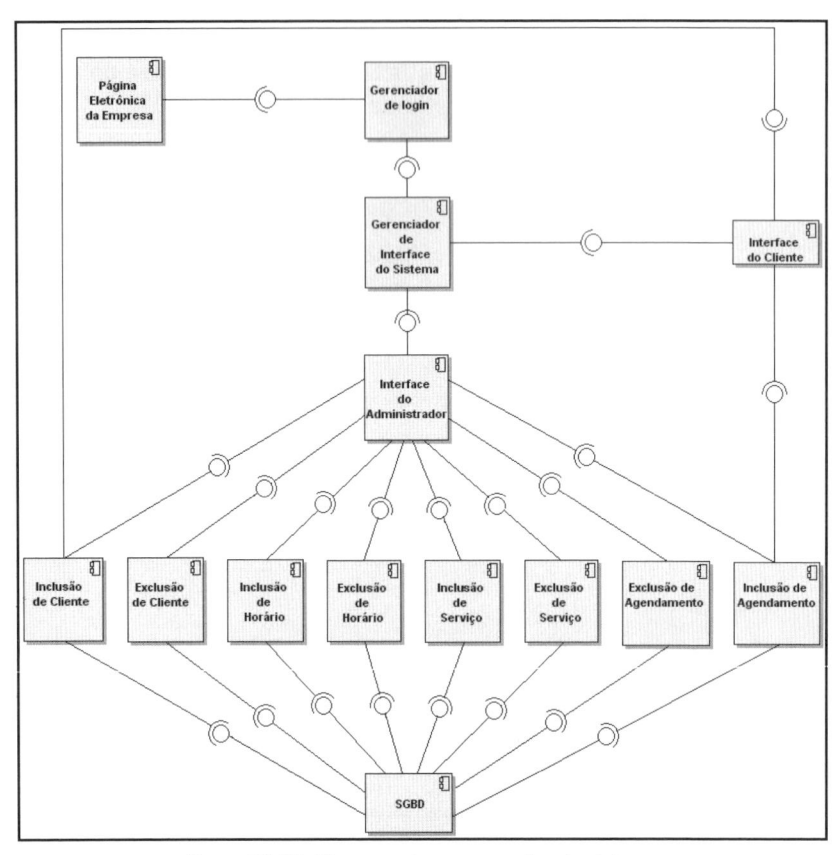

Figura 12.39: Diagrama de componentes do sistema.

O primeiro componente de nosso diagrama representa a página eletrônica da empresa que mantém o software. A página da empresa é a interface de nível mais alto do sistema.

O segundo componente é o gerenciador de log in. Nosso software será uma página de servidor, mais conhecida como *servlet* ou *server page*. Essa página gerenciará o log in do usuário.

O terceiro componente é o gerenciador de interface do sistema. Este gerenciador, que também é uma página de servidor, determinará qual interface deverá ser apresentada ao usuário, de acordo com o log in efetuado.

Por fim, temos as interfaces de usuário e cliente e as páginas de manutenção de banco de dados, que também são páginas de servidor.

A linguagem que será utilizada para o desenvolvimento do software, definida pela equipe de análise e projeto junto com o proprietário do sistema, possui tecnologia voltada para Internet. Independente de qual linguagem seja adotada, ela deverá possuir recursos compatíveis com o modelo aqui apresentado.

Agora estamos chegando à conclusão do quarto dia de trabalho e também da fase de projeto, da primeira iteração do processo do método ágil MIDDS. Vamos, então aos dois últimos diagramas da primeira versão do nosso modelo de software.

O próximo diagrama é o de implantação, que apresenta os meios físicos envolvidos no sistema. Veja a **Figura 12.40**:

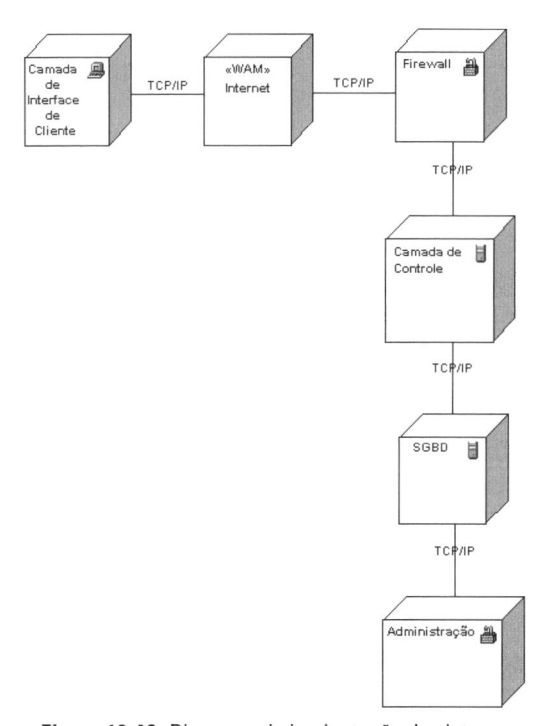

Figura 12.40: Diagrama de implantação do sistema.

O nosso último diagrama é o de pacotes do sistema. Esse diagrama define os módulos do software. Cada módulo terá vários componentes do sistema, compartilhando recursos entre si. Os recursos destes módulos serão compartilhados com os outros módulos do sistema.

Veja nosso diagrama de pacotes na **Figura 12.41**:

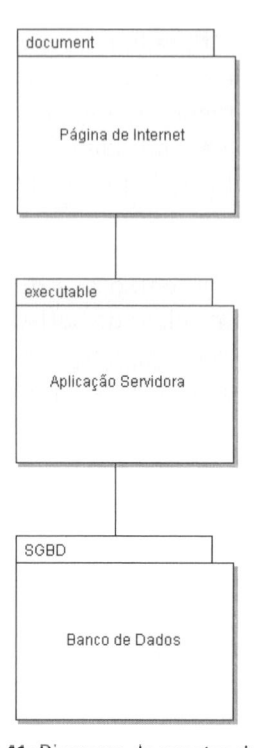

Figura 12.41: Diagrama de pacotes do sistema.

Agora já temos a análise e o projeto de nosso sistema. Nosso modelo de software já pode ir para a próxima fase do processo, pois já possuímos documentação suficiente para definir as bases de dados, protótipos e codificação do sistema.

Neste momento, possuímos a solução das necessidades do usuário em mãos. Agora é só transformar tudo isso em software. Com a solução do problema em mãos, o desenvolvimento será muito mais rápido e seguro... e todos esses benefícios foram adquiridos em apenas quatro dias.

Chegamos ao fim da nossa missão: construímos o modelo de software que agora está pronto para ser desenvolvido pela equipe de desenvolvimento. Após a criação dos protótipos, o proprietário do software deverá ser consultado para aprovar o desenvolvimento. Em caso de uma não-aprovação, voltamos à primeira fase do processo, para efetuar os ajustes necessários, até atingir a satisfação total do nosso cliente e, a partir daí, começar a desenvolver o software.

Capítulo 13

MDA

Com o avanço da arquitetura e modelagem de software, a tendência atual é de que os modelos e arquiteturas passem a fazer parte integral de uma ferramenta de desenvolvimento de sistemas.

Atualmente, as ferramentas estão em seu nível de utilização máximo, além de estarem em alto estágio de integração entre si. Por isso, quando falamos em geração de código, normalmente acabamos desembocando em geração de documentação.

A OMG publicou as especificações de uma tecnologia de nome MDA (*Model Driven Architecture*). Essa tecnologia propõe um desenvolvimento de software em nível conceitual, criando modelos de software e gerando código totalmente automatizado.

A MDA é dividida em quatro módulos:

1. CIM (*Computation Independent Model*): define os requisitos do sistema.

2. PIM (*Platform Independent Model*): define o modelo de software, que é independente de qualquer plataforma ou tecnologia.

3. PSM *(Platform Specific Models*): define a plataforma e tecnologia (linguagem) a ser utilizada na implementação do código do sistema. Podem existir vários PSMs, cada um para uma tecnologia específica.

4. Geração do código, segundo o PSM escolhido: gera o código na tecnologia específica do PSM.

É fácil perceber que o desenvolvimento de sistemas deverá estar, em um futuro próximo, em nível de um modelo conceitual.

As tecnologias MDA e UML são mantidas pela OMG e são compatíveis. A linguagem UML é suporte para MDA.

Para maiores informações sobre a MDA, acesse a página http://www.omg.org/docs/omg/03-06-01.pdf.

Capítulo 14

Conclusão

É uma pena que já estamos no final do livro. A definição de modelos de software em nível conceitual é realmente muito interessante, ainda mais sabendo que estamos utilizando uma tecnologia, a linguagem UML, que está plenamente envolvida nas tendências atuais no cenário de desenvolvimento de software.

Trabalhar com UML deverá ser requisito básico para as futuras ferramentas de desenvolvimento de software. A criação de modelos, que antes ficavam em segundo plano, logo será o único meio de desenvolvimento de sistemas. Bom, na verdade, a engenharia de software sempre esteve neste caminho, mesmo com as dificuldades de padronizações que ela sempre enfrentou.

Realmente, desenvolver software em um nível conceitual é muito melhor, mas não é mais simples. Futuras ferramentas de desenvolvimento deverão possuir diagramas ainda mais detalhados que os da atual versão da UML, mas mesmo assim, por mais complexo que seja o diagrama, desenvolver software sem ter que trabalhar em código será infinitamente mais rápido e mais controlado.

Um dos maiores problemas de um desenvolvedor é ter que entender um código criado por outro. Isso é realmente tedioso, pois não existe padrão predefinido na criação de códigos. Ao contrário, na construção de diagramas existem sim e devem existir padrões.

Agora que chegamos ao final do livro, espero ter contribuído para seu início ou continuação na construção de modelos de software com UML. Lembre-se que MDA está vindo por aí e totalmente integrada com UML, para a construção não só de modelos, mas de modelos e softwares em várias plataformas e tecnologias.

Anexo 1

Modelando um software no Método/Processo MIDDS

Este anexo resume o Método MIDDS, o que permitirá ao usuário um conhecimento dos conceitos do MIDDS, visto que sua total definição está no livro *Engenharia de Software*, publicado pela Digerati Books.

O MIDDS é um Método Ágil de Desenvolvimento de Software, Iterativo e Documentado, que propõe soluções simples e práticas para o desenvolvimento de software. Ele é dividido em:
- princípios;
- equipes;
- fases.

Vamos então visualizar as principais características de cada um destes conceitos.

Princípios

- Documentação insuficiente e não-detalhada:
  - registro das funcionalidades;
  - objetividade;
  - documentação atualizada;
  - agilidade;
  - diagramas;
  - UML;
  - documentação clara;
  - detalhes do sistema;
  - detalhes técnicos direcionados;
  - protótipos direcionados.
- Documentação atualizada:
  - equipe própria;
  - diagramas atualizados;
  - boa representação das funcionalidades;
  - ter equipes;
  - análise, projeto e documentação do software elaborada por profissionais da TI preparados e dedicados;
  - atualização da documentação;
  - modelos confiáveis;
  - arquivamento de documentação modificada;
  - arquivamento de modificações anteriores;
  - documentação x versão;
  - documentação importante.

- Utilização de ferramentas adequadas ao projeto:
  - definição de linguagem;
  - arquitetura do sistema;
  - resultados em performance;
  - resultados em segurança;
  - resultados em controle;
  - resultados em padronização;
  - tempo necessário para a codificação;
  - facilitar a codificação;
  - testar e utilizar a melhor ferramenta do mercado;
  - padrões;
  - não "inventar moda" e nem "reinventar a roda";
  - orientação a objetos;
  - regras de negócio;
  - reuso de código;
  - desenvolvimento em camadas;
  - definição de linguagem a ser utilizada no projeto;
  - ferramentas utilizadas para codificação.
- Máximo reuso de código:
  - não desperdiçar tempo;
  - utilizar superclasses da orientação a objetos;
  - utilizar classes especializadas;
  - reusar código;
  - utilizar recursos já disponíveis;
  - utilizar arquitetura de componentes;
  - criar componentes independentes;
  - incrementar novos recursos independentes no sistema;
  - expandir recursos.
- Um ambiente para cada equipe:
  - formação de equipes;
  - não criar membro "faz de tudo um pouco";
  - não generalizar tarefas;
  - definir equipes;
  - direcionar responsabilidades;
  - bom ambiente de trabalho;
  - local de trabalho sério;
  - local de trabalho produtivo;
  - equipes por fases;
  - ambientes específicos;
  - foco das equipes;

- boa comunicação;
- assuntos relacionados à respectiva fase do projeto;
- integração entre equipes;
- utilização constante da documentação do software;
- boa comunicação;
- foco nas responsabilidades;
- assuntos técnicos comuns a cargo de cada equipe;
- especialização entre os membros de cada equipe;
- equipes em salas separadas.
- Foco no cliente, nas funcionalidades e colaboradores:
  - necessidades dos clientes;
  - funcionalidades do sistema;
  - bom ambiente entre os colaboradores envolvidos no projeto;
  - bom atendimento ao cliente;
  - ambiente de desenvolvimento produtivo;
  - ambiente de desenvolvimento amigável;
  - serviço satisfatório;
  - serviço de qualidade;
  - protótipos;
  - adaptação às necessidades do cliente;
  - funcionalidades de acordo com as solicitações;
  - bom levantamento de requisitos;
  - ambiente favorável a um melhor desempenho;
  - utilização de ferramentas atualizadas;
  - utilização de equipamentos com configurações necessárias;
  - ambiente específico para cada equipe;
  - motivação;
  - colaboração.
- Simplificar para não complicar:
  - primeiramente os requisitos mais necessários;
  - não demorar nas iterações;
  - ser objetivo;
  - primeiramente as funcionalidades prioritárias;
  - deixar facilidades e atalhos para iterações/versões posteriores;
  - não fazer todo o sistema de uma só vez;
  - recursos do sistema a cada Iteração;
  - não ultrapassar o prazo de quatro semanas;
  - primeiro, as funcionalidades principais do sistema.
- Atender às necessidades do usuário:
  - conhecer as necessidades do usuário;

- disponibilizar uma equipe bem treinada;
- decifrar o que o usuário quer;
- definir as funcionalidades na Análise de requisitos;
- possuir equipe de analistas;
- documentar a solicitação;
- atualizar a documentação existente;
- alterar sempre o sistema, para atender às novas funcionalidades legais solicitadas;
- é bom que o projeto esteja sempre em evolução.
- Protótipos antes da codificação:
  - os protótipos não necessitam de funcionalidades;
  - as funcionalidades do sistema serão explicadas ao usuário;
  - prototipar o software antes de sua codificação;
  - ferramentas que podem ser utilizadas na criação de protótipos;
  - reaproveitamento de protótipos;
  - exemplo de criação de protótipos;
  - a criação de protótipos como seqüência de trabalho.

Equipes

- Análise e Projeto:
  - elaborar os diagramas que definirão os modelos do software;
  - atua nas fases de *Análise de requisitos* e *projeto de software*;
  - os requisitos de um sistema como base para o projeto;
  - criar cenários;
  - ferramentas para cenários;
  - entrevista com o usuário do sistema;
  - o sistema será desenvolvido em partes;
  - funcionalidades do sistema aqui definidas;
  - conhecer bem a área em que o software será implantado;
  - influências da fase de análise de requisitos;
  - profissionais muito experientes e com talento;
  - o projeto do software é onde definimos a arquitetura;
  - utilizar a modelagem como ferramenta nesta fase de projeto;
  - o projeto do software exige muito rigor técnico;
  - observar as *qualidades* da Engenharia de Software;
  - a equipe de *Análise e Projeto* será responsável por levantar os requisitos do sistema;

- elaborar modelos de software é um papel altamente técnico.
- Programação:
  - é composta por programadores experientes;
  - codificação realizada na linguagem adotada pelo projeto;
  - ferramentas utilizadas para a codificação, de responsabilidade da equipe de *programação*;
  - liberdade para escolher a ferramenta necessária para a codificação do sistema;
  - as atuais ferramentas disponíveis;
  - responsabilidade por parte dos programadores;
  - usar recursos e ferramentas disponíveis no mercado;
  - liberdade no desenvolvimento do software, dentro da Arquitetura, Plataforma e Linguagem adotadas no projeto;
  - valorização da equipe de *Programação*.
- Subdivisão da Equipe de Programação:
  - design;
  - aplicação;
  - componente.
- Suporte ao Cliente:
  - será responsável por atender o cliente;
  - será responsável por registrar as solicitações do cliente;
  - será responsável por tirar dúvidas do cliente;
  - conhecer bem o software;
  - o conhecimento do sistema por parte da equipe de *suporte* não precisa ser em nível de código;
  - registrar da melhor forma a primeira solicitação do cliente;
  - a equipe de suporte deve ser capacitada;
  - a equipe de suporte em uma empresa deve estar bem treinada;
  - oferecer ao cliente o suporte adequado;
  - capacidade de ouvir atentamente as solicitações do cliente;
  - solucionar os problemas da melhor forma possível;
  - experiências anteriores e conhecimento na área de TI;
  - conhecimento e comprometimento com os assuntos e as tecnologias envolvidas na área e TI.
- Gerentes de Equipes:
  - papel de apoiar os demais membros de sua equipe;
  - fornece suporte e controle das atividades;
  - bom "tempo de casa";

- caráter, conhecimento, talento, habilidades e graduação;
- comprometimento com a empresa, seus colaboradores e clientes;
- comunicação entre as equipes, isto deve ser feito entre os gerentes de equipes;
- delegar tarefas e ter autonomia para isso;
- na ausência do gerente, a sua equipe deve saber o que fazer;
- reuniões com o cliente ou com outros gerentes de equipes;
- qualquer reunião poderá ser solicitada por qualquer gerente de equipe;
- a empresa deve disponibilizar uma sala de reuniões.

Fases

- Solicitação:
    - cliente solicita um serviço de desenvolvimento de software;
    - equipe de suporte registra as solicitações;
    - gerente de negócio contata o cliente, elabora o objetivo e contexto do sistema com o cliente, analisa o mercado e, se for o caso, fecha o negócio verbalmente.

- Análise de Requisitos:
    - equipe de *Análise e Projeto* recebe do gerente de *Negócio e Metas de projeto*, o objetivo e contexto do sistema;
    - equipe de *Análise e Projeto* realiza reunião com o cliente para entrevistá-lo e adquirir dados de requisitos (funcionalidades) do sistema;
    - equipe de *Análise e Projeto* elabora os diagramas de requisitos do sistema;
    - equipe de *Análise e Projeto* convoca reunião com o cliente e o gerente de *Negócio* para analisarem e aprovarem os diagramas de requisitos do sistema;
    - depois de aprovados os requisitos, será elaborado o contrato com a descrição de todas as funcionalidades do sistema, plataforma, linguagem, tecnologia adotada e o prazo para o desenvolvimento do software, prazo que será definido em reunião com as outras equipes. Este contrato será firmado pelo cliente e o responsável da empresa de software.

Projeto

Os projetistas do sistema devem elaborar os diagramas que serão utilizados na fase seguinte do projeto. Estes diagramas devem estar relacionados a Orientação a Objetos e representar as características a seguir:
- Definição de classes do sistema.
- Definição de atributos de classes do sistema.
- Definição de operações do sistema.
- Definição de objetos do sistema.
- Definição de troca de mensagens entre objetos.
- Definição de interfaces do sistema.
- Definição de componentes do sistema.
- Definição de arquitetura lógica do sistema.
- Definição de arquitetura física do sistema.
- Definição de dados:
  - definir a estrutura de dados do sistema;
  - SGBD deve estar de acordo com o contrato, anteriormente firmado na fase de análise.
- Prototipação:
  - serão criados os protótipos do software;
  - os protótipos devem ser vistos e aprovados pelo usuário do sistema, antes que a codificação seja iniciada.
- Codificação:
  - a codificação será realizada utilizando ferramentas adequadas para o projeto;
  - a codificação será realizada obedecendo a plataforma e linguagem adotada e firmada em contrato;
  - utilizar ferramentas que facilitarão o trabalho, mantendo a qualidade do sistema;
  - as partes principais do sistema serão codificadas primeiro.
- Controle de Versão:
  - controle de versões do sistema;
  - utilizar ferramentas para controle de versão;
  - o controle de versão permite identificar modificações no projeto;
  - controlar versão significa controlar a evolução do sistema;
  - o sistema será implementado de acordo com as prioridades.

- Testes
  - fase de testar o que foi feito;
  - para executar os trabalhos nesta fase, a equipe deve estar ligada ao gerente de *Negócio e Metas de projeto*;
  - o software deve ser testado por profissionais altamente qualificados e que tenham uma visão do que foi acordado, além do que o usuário está esperando receber como resultado do trabalho realizado;
  - esta equipe não está ligada à equipe de *Programação*;
  - esta equipe testará todo o trabalho que foi realizado em software;
  - o importante é lembrar que a equipe de testes deverá estar ligada ao gerente de *Negócio e Metas de projeto*.
- Implantação:
  - o sistema será implantado pela equipe de *Suporte*;
  - os *Analistas de Suporte* devem ter pleno conhecimento do projeto e arquitetura do sistema;
  - são os *Analistas de Suporte* que têm o contato com o cliente e continuarão a ter este contato ao longo do ciclo de vida do software;
  - é necessário que a *Implantação* seja acompanhada pelo gerente de *Negócio e Metas de projeto*, pois é ele quem gerencia o acordo e contrato com o cliente;
  - a presença do gerente de *Negócio e Metas de projeto* deverá trazer segurança para o cliente, pois foi com ele que o contrato de desenvolvimento foi firmado e, neste momento, o usuário está tendo o retorno, em software, de tudo o que foi firmado no contrato.

Processo Iterativo do MIDDS

O método MIDDS possui um processo muito flexível para o ambiente de desenvolvimento de software. O que determina a diferença entre *Método* e *Processo* é o foco. O foco do MIDDS está na *iteração*. A **Figura Anexo 1.1** a seguir apresenta o Processo do MIDDS:

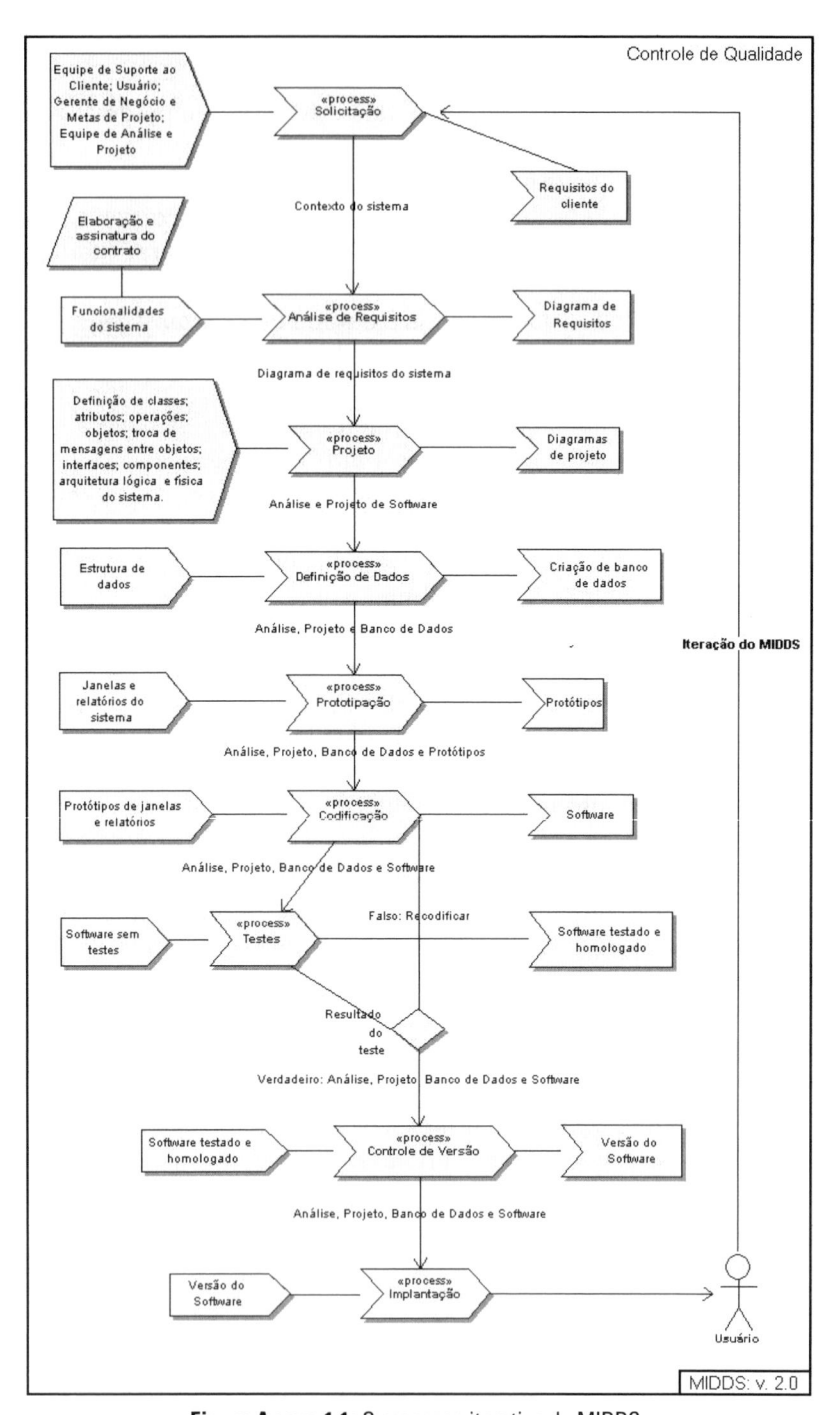

Figura Anexo 1.1: O processo iterativo do MIDDS.

Guia Prático de Engenharia de Software

Anexo 2

Criando um modelo de dados

A modelagem de dados é uma área da TI que estuda e apresenta ferramentas para descrever os dados de forma conceitual, ou seja, utilizando símbolos e gráficos. A simbologia utilizada favorece uma representação mais precisa e rápida dos dados, permitindo, assim, que qualquer banco de dados seja projetado antes de sua real criação. Este não é o primeiro passo no desenvolvimento de um software, pois, antes da criação de um modelo de dados, já definimos a análise e o projeto do sistema.

Como os dados deverão ser definidos no SGBD por profissionais com especialização na área, é bom que se crie um modelo específico de dados para que estes profissionais criem e definam os dados no SGBD.

Existem vários modelos de dados, mas os que são mais utilizados ultimamente são: *Modelos Orientados a Objetos* e principalmente os *Modelos Relacionais*.

Os *Modelos Orientados a Objetos* representam os dados através de objetos, ou seja, um conjunto de objetos que contém valores armazenados. Cada objeto deste modelo contém métodos que operam este objeto e este modelo pode ter objetos agrupados em classes. Este modelo é um modelo muito complexo, já o modelo de Entidades e Relacionamentos, que será descrito a seguir, tem mais a ver com o nosso projeto, pois ele é mais compatível com o diagrama de classes que criamos anteriormente. O *Modelo de Entidades e Relacionamentos* é conhecido como MER. Vamos então estudar este modelo, para implantar nosso modelo de dados, afinal, *Definição de Dados* é a próxima fase do MIDDS.

O MER – Modelo de Entidades e Relacionamentos

Este Modelo representa um conjunto de tabelas, que são estruturas utilizadas para armazenar os dados. Estas tabelas possuem relacionamentos que permitem o acesso às tabelas do banco de dados de uma só vez.

Os relacionamentos de um banco de dados relacional podem ser físicos ou lógicos. Quando o relacionamento é físico, ele está armazenado no próprio banco de dados, mas um relacionamento lógico pode ser definido por uma linguagem de acesso aos dados, como a *SQL*.

O Modelo de Entidades e Relacionamentos possui símbolos que representam as entidades, relacionamentos e o conjunto de atributos que representarão o banco de dados. Vamos estudar quais são estes símbolos (**Figura Anexo 2.1**):

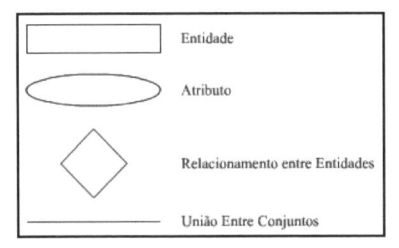

Figura Anexo 2.1: Símbolos do MER.

- **Entidade**: representa um conjunto de objetos ou eventos do mundo real. Como exemplo, podemos citar um conjunto de clientes, de serviços, planilhas de faturamento, ordens de serviço, notas fiscais etc.
- *Atributo*: representam os tipos de dados armazenados e descrevem as características das entidades.
- **União entre Conjuntos**: faz a união entre uma ou mais entidades.
- **Relacionamento entre Entidades**: identifica a união entre as entidades. Tem a função de representar os atributos envolvidos no relacionamento.
- **Tupla**: A tupla representa o conjunto de todos os atributos das entidades. Em um banco de dados, as tuplas são representadas pelas linhas das tabelas do banco de dados e, caso exista um relacionamento entre tabelas, colunas de outras tabelas também poderão fazer parte de uma tupla de consulta em SQL.

Criando um MER a partir de um diagrama de classes

Como podemos observar, existem muitas particularidades comuns entre um MER e um diagrama de classes da UML, neste caso, podemos criar um MER a partir do diagrama de classes definido anteriormente em nosso projeto. Será muito fácil, devido à lógica existente entre estes dois modelos.

O modelo que vamos criar será baseado no diagrama de classes do projeto que foi criado anteriormente, nos capítulos deste livro. Veja o nosso diagrama de classes na **Figura Anexo 2.2**:

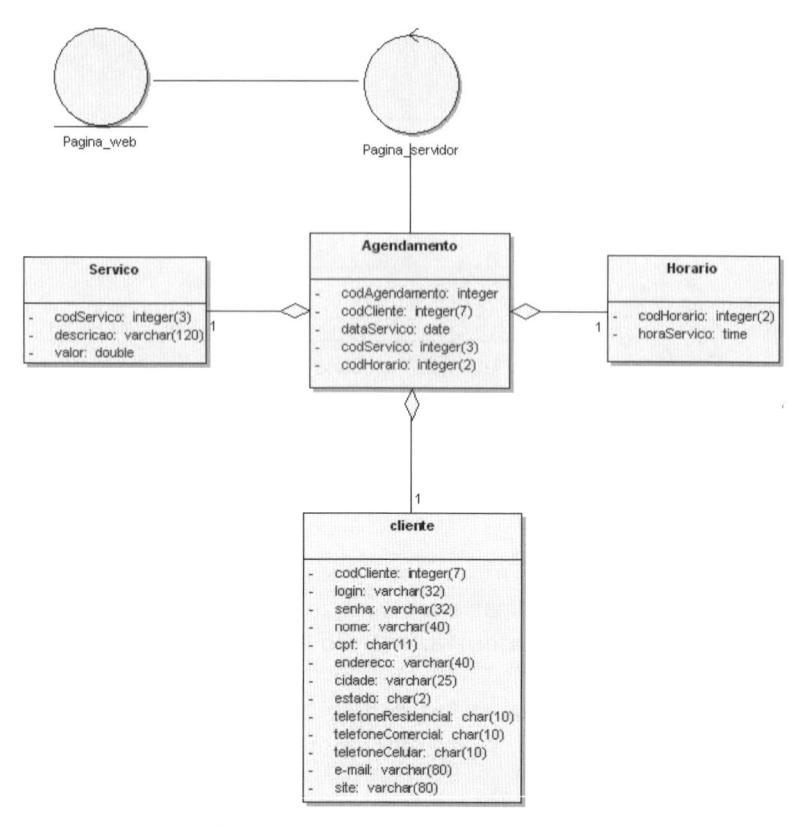

Figura Anexo 2.2: Diagrama de classes.

As tabelas de nosso banco de dados deverão ter os atributos de acordo com os definidos no diagrama de classes mostrado na **Figura Anexo 2.2**. Observe que os nomes das tabelas e os seus atributos não possuem espaço, caracteres especiais ou acentos, pois estes caracteres causariam problemas em sistemas de banco de dados, por isso jamais deverão ser utilizados estes caracteres em um MER.

Conforme as definições e elementos do MER, veja na **Figura Anexo 2.3** como ficará o nosso modelo de dados, já na fase de *Definição de Dados* do MIDDS:

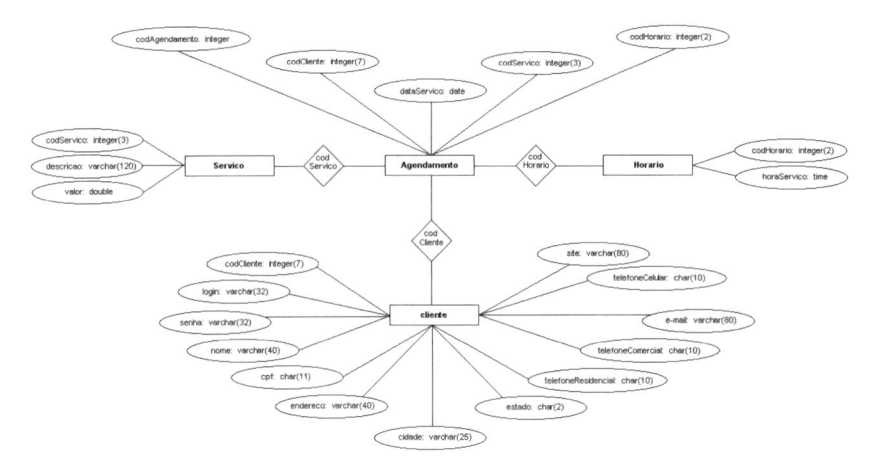

Figura Anexo 2.3: Modelo de Entidades e Relacionamentos.

O modelo da **Figura Anexo 2.3** possui três relacionamentos, os quais serão utilizados para eliminar redundância de dados no SGBD. Quando relacionamos tabelas, estamos garantindo maior compartilhamento de dados entre as entidades, além de maior flexibilidade, organização, controle e, no jargão da informática, um banco de dados mais "enxuto".

A tabela `Agendamento` está relacionada com as outras tabelas do modelo de dados. Neste modelo, o usuário do sistema incluirá em cada agendamento os valores referentes aos atributos de `codServico`, `codHorario` e `codCliente`, que estão localizados nas outras tabelas do banco de dados! Estes atributos incluídos na tabela de agendamento serão suficientes para a busca de valores nas tabelas de serviços, clientes e horários, por meio de uma linguagem de consulta, como a SQL.

Está definido o MER, modelo de entidades e relacionamentos criado para a definição de dados no SGBD, conforme o projeto de software construído neste livro.

Agora, é só avançar nas fases seguintes do MIDDS, assunto este para uma próxima oportunidade.